... ROI ET LA CONDUI...

... ROLES

PARIS

INSTRUCTION PRATIQUE

MACHINES AGRICOLES

INSTRUCTION PRATIQUE

SUR

LA CONSTRUCTION, L'EMPLOI ET LA CONDUITE

DES

MACHINES AGRICOLES

EN GÉNÉRAL

ET DES MACHINES A VAPEUR RURALES EN PARTICULIER

PAR

JULES GAUDRY

INGÉNIEUR AU CHEMIN DE FER DE L'EST,
MEMBRE DU JURY INTERNATIONAL DU CONCOURS UNIVERSEL AGRICOLE DE 1856,
MEMBRE DU CONCOURS RÉGIONAL DE VERSAILLES EN 1858, ETC.

———

PARIS

LIBRAIRIE SCIENTIFIQUE, INDUSTRIELLE ET AGRICOLE

LACROIX ET BAUDRY

Réunion des anciennes Maisons L. MATHIAS et du COMPTOIR DES IMPRIMEURS.

15, QUAI MALAQUAIS, 15

1859

A M. DE MONNY DE MORNAY

DIRECTEUR AU MINISTÈRE DE L'AGRICULTURE.

———

Monsieur,

Ce petit ouvrage, rédigé sous vos auspices et
que j'ai pris la liberté de vous dédier, n'est pas
un traité de la construction du matériel agricole,
mais un simple et court exposé des principes
fondamentaux qui doivent présider à la construction comme à l'emploi du matériel rural, surtout

1.

de la machine à vapeur appelée à devenir l'âme du travail agricole, comme elle l'est devenue du travail industriel.

Cet exposé lui-même est moins un corps méthodique des principes mécaniques, qu'une suite de conseils et d'observations où l'on pourra puiser, soit pour obtenir des machines agricoles le travail qu'elles refusent au conducteur intelligent, soit pour mieux les proportionner suivant les règles de l'industrie moderne. En effet, dans ces concours que votre bienfaisante initiative a multipliés récemment, et où vous m'avez fait, Monsieur, plusieurs fois l'honneur de m'appeler comme juge, combien de négligences de construction et de mauvaises manœuvres de conduite inspirées par l'ignorance n'a-t-on pas dû constater à côté de très-grands progrès!

Convaincu que cette ignorance est une des principales causes de la lenteur avec laquelle les cultivateurs adoptent ces engins mécaniques dont votre haute expérience a reconnu depuis longtemps les avantages, vous avez bien voulu considérer comme œuvre utile et digne de votre intérêt, un ouvrage où les constructeurs, propriétaires et usagers, trouveraient, quoique sommairement, les lois qu'ils ne doivent pas perdre de vue dans l'établissement, l'achat et l'emploi du matériel rural.

Puissé-je, Monsieur, avoir compris vos intentions, répondu à ce que vous avez bien voulu attendre de moi, et contribué, pour ma faible part, à ces progrès de nos industries agricoles auxquelles vous avez dévoué votre vie, et qui vous doivent déjà tant d'impulsion et de résultats.

Je suis avec respect,

MONSIEUR,

Votre bien affectionné et dévoué
serviteur,

JULES GAUDRY.

15 mars 1859

INSTRUCTION PRATIQUE

SUR

LA CONSTRUCTION, L'EMPLOI ET LA CONDUITE

DES

MACHINES AGRICOLES

————◦⟨⟨◦⟩⟩◦————

PREMIÈRE PARTIE

DES MACHINES AGRICOLES EN GÉNÉRAL.

———

I

OPPORTUNITÉ DES MACHINES DANS LES TRAVAUX D'AGRICULTURE.

Les engins mécaniques à l'aide desquels tant de merveilles se sont accomplies dans les travaux industriels sont enfin parvenus à se naturaliser dans les campagnes pour les travaux ruraux de toute sorte, bien que la France soit encore en retard sur la plupart des nations étrangères. Chez un peuple doué d'autant d'initiative que le nôtre, il y a lieu de s'étonner de cette lenteur à accepter les procédés dont les avantages ont été constatés tant de fois. Nous ne répéterons pas ce qui a été dit à satiété pour démontrer, en principe, l'utilité des moyens mécaniques, et la nécessité d'entrer en agriculture dans la voie d'un progrès qui ne paraît plus réalisable, qu'en imitant l'industrie manufacturière, où les machines ont été appelées presque dans tous les travaux. Nous ne rappellerons qu'une seule preuve de cette nécessité : c'est que nos cultivateurs peuvent parfois à peine lutter, quant au prix, sur le marché le plus voisin de leur ferme, avec les produits similaires, importés de loin par des moyens de transports qui les grèvent de frais supplémentaires considérables. Les circonstances locales de climat et de salaire peuvent avoir leur part dans ce résultat; mais nous croyons superflu de démontrer qu'en toute opération, aucune influence ne passe avant celle des procédés qui économisent le temps et la main-d'œuvre. Or, tel est le but des machines.

Le nom seul de machine effraie quelquefois dans nos campagnes. Cependant les charrues, herses, chariots et une multitude d'instruments d'une pratique courante, ne sont autre chose que des machines contre lesquelles la routine a autrefois lutté, comme elle lutte aujourd'hui contre l'introduction d'instruments nouveaux, ou le perfectionnement de ceux qui sont passés dans nos mœurs.

A ceux qui s'étonnent de ces innovations, dont se passaient nos pères, nous répondrons qu'elles sont nécessitées par des circonstances qu'ils n'ont pas connues : nous l'avons dit, l'agriculture est entrée dans cette phase où l'industrie manufacturière s'est trouvée il y a un demi-siècle. La consommation a cru plus vite que la production, l'échange international existe à l'état permanent, la concurrence des prix ne connaît plus de limite ; il faut, jusque chez soi, lutter contre les produits des pays exceptionnellement favorisés, et pour accepter la lutte, sans qu'elle nous écrase, il faut demander à des outils nouveaux des ressources de production économique qui n'avaient pas autrefois leur raison d'être.

C'est ce qu'on a fait dans l'industrie, dans celle des machines à vapeur, par exemple, où l'on construit, aujourd'hui, pour la marine une machine de la force de 1000 chevaux en moins de temps, et peut-être même à moins de frais, que n'en demandait une machine de 100 chevaux il y a cinquante ans.

Ajoutons qu'il est d'autant plus facile de construire de bonnes machines pour les travaux agricoles, qu'ils sont ordinairement bien loin d'exiger des outils d'une grande précision comme ceux des manufactures.

Cependant, il faut le reconnaître, les cultivateurs

ont eu des mécomptes avec l'emploi des machines. Trois raisons les expliquent comme cas particuliers, mais non comme causes générales de réprobation.

D'abord le choix de la machine a été malheureux : on a oublié qu'en mécanique, comme en toute chose, l'absolu est un danger ; et que, de même que certaines espèces de céréales et de bétail qui profitent dans un pays dépérissent dans un autre, une machine convenable dans certaine contrée peut avoir besoin d'être appropriée différemment chez le voisin. Donc, qu'on s'applique mieux à étudier les conditions locales du travail à effectuer. Après avoir fait cet examen, qui ne dépasse la capacité d'aucun cultivateur intelligent, si on ne se croit pas en mesure de déterminer le choix de l'appareil, qu'on s'adresse à un constructeur ou entrepositaire consciencieux et *spécial* autant que possible, qu'on se borne à lui poser le programme de l'outil dont on a besoin et qu'on obtienne de lui la garantie du travail déterminé.

Nous donnerons à la fin de l'ouvrage pour diverses machines un modèle des contrats qui peuvent se faire à cette occasion, et nous nous bornerons ici à recommander qu'après avoir imposé aux constructeurs les conditions essentielles, on lui laisse une certaine latitude pour les détails accessoires de forme et d'agencements. Nous avertirons aussi que la science de la mécanique agricole est encore trop

récente pour que tous les problèmes soient résolus.
Quoiqu'on puisse compter presque avec certitude sur
le succès complet plus ou moins prochain de diverses machines proposées, qui ne sont encore appli-
cables qu'à des cas particuliers, il faut cependant
de la prudence dans la substitution du travail mécanique au travail manuel.

Il est honorable aux riches directeurs des grandes
exploitations rurales de guetter les innovations et
seconder les *essais*, mais tous les petits cultivateurs
ne doivent pas s'empresser de les imiter. Toutefois,
nous ne craignons pas d'affirmer que parmi ces engins qui ont couvert des milliers de mètres carrés
à nos derniers concours régionaux ou universels, il
y en a un *très-grand nombre* qui peuvent dès à présent entrer dans la *pratique* des campagnes et produire de *grands résultats économiques*.

La seconde cause des mécomptes dont on s'est
plaint, réside dans la mauvaise réalisation d'un
principe d'ailleurs très-bon.

Combien de fois, membre du jury de plusieurs
concours récents, n'avons-nous pas vu des idées
mécaniques excellentes réalisées par des combinaisons où les premiers éléments de la science du constructeur étaient méconnus !

D'autres fois enfin, nous avons vu dans les exploitations agricoles des machines irréprochables, mais
confiées à des conducteurs d'une telle incurie, qu'il

ne faut pas chercher autre part la cause des mécomptes signalés.

Sans doute, et nous l'établirons ci-après comme
une des premières lois de la mécanique agricole, il
faut que les machines rurales n'aient rien de ces
outils de précision que l'on confie, sous l'œil des ingénieurs, à des ouvriers d'élite, et qu'elles soient au
contraire très à la portée du vulgaire intelligent des
campagnes. Encore faut-il néanmoins que dans l'é-
tablissement comme dans la conduite, les machines
soient l'objet de ces soins élémentaires indispensa-
bles à toutes choses, quoiqu'à divers degrés.

Les constructeurs ou entrepositaires instruits et
consciencieux existent; il ne faut que savoir les dé-
mêler des gens indignes de confiance dont les mauvais outils déprécient l'industrie elle-même. Les
conseillers utiles ne manquent pas non plus, les
ingénieurs des mines et des ponts et chaussées sont
nombreux même dans les campagnes, et leur dé-
vouement au progrès est trop connu pour que nous
hésitions à promettre leur concours à ceux qui ont
besoin de les consulter, au moins sur l'exécution
d'une machine ou sur la capacité d'un conducteur.
Nous demandons que cette assistance officieuse soit
sévère, et qu'on se rappelle que l'industrie des locomotives et wagons dans les usines françaises vient
de conquérir les marchés étrangers par la bonne foi
du constructeur, la sévérité du surveillant et l'habi-

tude de travailler avec soin, qui ne pouvait manquer d'en résulter.

Répétons surtout, que le choix d'un bon constructeur ne suffit pas et que la meilleure machine refuse son service au conducteur inexpérimenté, comme le meilleur cheval résiste au cavalier novice et maladroit. Ce n'est pas à dire que la conduite d'une machine soit difficile. Elle est, au contraire, dans un bon système du moins, simple, facile à comprendre et à exécuter avec un peu de routine et de soins. Ceux-ci même n'ont rien d'exceptionnel et, reprenant l'exemple qui précède, nous dirons que, de même que le fermier et le moindre de ses domestiques se sont appris à prendre, des chevaux et du bétail, ces soins sans lesquels les plus beaux individus dépérissent en peu de temps, il faut qu'ils apprennent à mieux traiter le matériel agricole, et alors ils en tireront les services promis.

Nous voulons maintenant répondre à une objection qui a souvent jeté l'inquiétude parmi ceux qui vivent des travaux agricoles : *Ces machines, disent-ils, nous ôteront nos moyens d'existence.* Nous répondrons d'abord que les machines n'ont dû être introduites que pour suppléer à une insuffisance des bras notoire et générale, sauf peut-être tout au plus quelques cas particuliers.

C'est principalement parce que le fermier envoie à l'École de droit ou de médecine les plus intelligents de ses fils et qu'il ne garde auprès de lui que des gens dépourvus d'initiative, qui poursuivront leur routine envers et contre tous ; parce que les plus forts travailleurs de la campagne courent aux terrassements des ponts et chaussées, éblouis par un salaire plus élevé, mais passager ; parce qu'enfin les cabarets établis dans les moindres hameaux abrutissent ce qui reste d'ouvriers aux champs, qu'on a dû demander aux conceptions mécaniques un moyen de remplacer les bras vigoureux et habiles dont disposaient nos pères. Les machines ne s'enivrent pas, elles ne désolent pas le fermier par leurs caprices et leurs exigences, elles ne se mettent pas en grève ; elles ont leurs avaries comme l'ouvrier ses maladies, mais des soins et de sages précautions peuvent distancer indéfiniment ces chômages.

Est-il vrai qu'il n'y ait plus à vivre à côté d'elles pour l'ouvrier qui préfère le travail salubre des champs, au labeur des ateliers de la ville, et que tous, jusqu'à la faneuse, aient en elles un rival ? C'est le reproche qu'on n'a pas manqué de faire à toutes les innovations en industrie. Mais les chiffres péremptoires de la statistique ont toujours démontré, à très-peu d'exceptions près, qu'on n'avait fait que transformer les conditions du travail pour le plus grand avantage public. Les preuves abondent : Est-ce qu'il y a moins de bateliers sur les rivières et moins de matelots sur la mer depuis qu'il y a des bateaux à vapeur? Est-ce que les milliers d'employés de toute sorte que possèdent chaque grande compagnie de chemin de fer ne compensent pas le nombre de conducteurs, postillons et palefreniers des anciennes diligences? Est-ce que ces nouvelles voies de transport ont restreint en Europe le nombre des chevaux et déprécié les élevages? Est-ce que dans les villes, à côté des voitures de transport en commun, le nombre des voitures de place et équipages privés n'a pas décuplé? On multiplierait à l'infini ces exemples et pour terminer par un, frappant entre tous, il est prouvé par une statistique récente, communiquée à la société industrielle de Mulhouse et à la société des ingénieurs civils de Paris, que le tissage et la filature par métier mécanique occupent un nombre de bras bien supérieur à celui d'autrefois, que les salaires moyens sont supérieurs aussi, et qu'en même temps le prix des étoffes est descendu à la portée de toutes les bourses.

Le principal résultat de l'introduction des machines dans l'industrie rurale est assez facile à prévoir : les fermiers emploieront peut-être moins de ces ouvriers nomades qui n'offrent aucune garantie, mais ils augmenteront leur personnel fixe, sur lequel une action morale est possible et dont l'avenir deviendra moins précaire. La portion la plus intéressante de la population rurale est donc d'autant plus excitée à la multiplication des machines, que celles-ci font en général ce qui ne demande à l'ouvrier que de la force musculaire et de la fatigue, à l'exclusion de l'intelligence ; et qu'elles convertissent le manœuvre en un surveillant ou directeur dont le travail est ainsi anobli.

Mais nous ne dissimulerons pas à ces ouvriers de rebut, sur lesquels le maître ne peut jamais compter et qu'il n'emploie qu'en désespoir de cause, qu'ils ont de redoutables rivaux dans les machines ; rejetés peu à peu de la campagne comme de l'industrie manufacturière, où l'on cherche aussi à se passer d'eux, ce n'est qu'à eux qu'ils peuvent s'en prendre, si, persistant dans leurs habitudes de désordre et d'ignorance, ils courent à une irrémédiable misère, tandis que d'autres s'élèvent vers le progrès.

Voici une autre objection souvent faite en France à l'application des machines dans les travaux agricoles : on en comprend, dit-on, l'usage dans les grandes cultures ; mais comment proposer d'avoir une machine à battre pour quelques centaines de gerbes ; une moissonneuse, une faneuse, un semoir, une machine à labourer sur une languette de terre ! Telle est l'objection des petits propriétaires, et on comprend que pour l'exploitation de leur parcelle de champ, le travail manuel de la famille soit suffisant avec l'aide d'un petit nombre d'ouvriers étrangers.

Il y aurait, nous le croyons, trois moyens de concilier ces circonstances :

1° La commune, ou plusieurs communes voisines, pourraient posséder ces machines et leur affecter un personnel chargé de les conduire et de les entretenir, sauf à l'autorité à en régler l'usage successif. (Voy. p. 77.) C'est ce qui se pratique déjà partout pour la pompe et outils de secours contre l'incendie.

2° Il faudrait propager ces entreprises qui ont pour but, non-seulement la vente du matériel agricole, mais la location à la journée des engins locomobiles qui vont déjà, de commune en commune, travailler à forfait dans quelques localités de la France. Si leurs prix sont trop élevés, la concurrence les rappellera bientôt à des conditions plus à la portée des petits cultivateurs.

3° Le morcellement des terres n'est pas tel, en général, quant à la nature de la récolte et de la préparation du sol, qu'on n'y puisse faire travailler les machines sur d'assez grandes lignes, chacun versant au semoir sa part de grain, ou ramassant sur la moissonneuse les gerbes au passage de son champ. Il y a même des pays où, la terre étant morcelée à l'infini, les voisins s'entendent pour se partager la culture commune, par cantonnement sans distinction de propriétaire, sauf à partager ultérieurement, au prorata, les recettes ou les bénéfices, si l'échange ne suffit pas. Ces associations se prêtent on ne peut mieux à l'emploi courant des plus importantes machines agricoles.

Si, à la suite de ces observations préliminaires que nous ne croyons pas déplacées en tête de ce petit ouvrage, nous considérons l'ensemble des derniers concours agricoles, nous devrons d'abord constater depuis 1856 un de ces progrès merveilleux comme les Français savent en faire dès qu'ils s'attachent à une idée : rien n'était plus misérable que notre fabrication du matériel agricole il y a quelques années, et nous avons dû avouer longtemps notre infériorité sur les nations d'outre-mer et d'outre-Rhin.

Dans les derniers concours, trois faits saillants ont été constatés.

1° Des établissements spéciaux et considérables se sont créés pour la construction, la vente, la location et la propagation du matériel agricole, sous la direction d'hommes ayant la science pratique de l'ingénieur. Nous n'entendons pas méconnaître les services qu'ont pu rendre les petits entrepreneurs, travaillant en dehors de ces grands établissements; mais nous croyons que ceux-ci doivent être encouragés, parce qu'ils sont éminemment en position de fournir, aux moindres frais, les types les mieux étudiés et les mieux exécutés en fabrication courante, ainsi qu'une utile comparaison des systèmes. (Voir p. 88.)

2° De grands propriétaires ruraux, hommes éminents par leur fortune, leur savoir et leur état social, ont pris autour d'eux une initiative de progrès dont on ne saurait trop les féliciter.

Lorsque l'un d'eux, M. le vicomte de ***, n'a pas dédaigné de venir, en personne, recevoir sa médaille pour l'exhibition, non d'une ingénieuse machine, mais d'un humble animal, au concours universel de 1856, les applaudissements unanimes au milieu desquels il revint à sa place, à côté de son fermier, lui ont dit que son initiative à relever l'honneur des entreprises rurales, était comprise de tous comme un bienfait public. Depuis, nous avons vu dans presque tous les concours régionaux des hommes distingués comme lui, se faire en quelque sorte ingénieurs ruraux, et exposer des engins agricoles inventés, perfectionnés, importés, propagés par eux.

3° Au point de vue de la construction, le matériel agricole, depuis la machine à vapeur jusqu'à la charrue, a fait de notables progrès ; les formes sont en général mieux étudiées et les assemblages mieux exécutés. Nous avons pu cependant constater encore des monstruosités jusque dans les appareils les plus délicats. Or, il y a là un grave danger public : qu'un de ces appareils rationnels en principe, mais informes dans la réalisation, tombe dans un pays où les machines sont inconnues ; son insuccès, à peu près certain, ajournera pour longtemps les meilleures innovations contre lesquelles la routine a déjà tant de force auprès de l'homme des campagnes.

4° Un fait moins heureux que nous avons dû constater jusque dans les derniers concours est que le prix des machines est encore beaucoup trop élevé. Sans doute, la fabrication en grand par les moyens perfectionnés de la construction, contribuera à cet abaissement plus encore que la concurrence, mais comme il ne faut porter aucune économie sur la qualité inférieure des matériaux ou du travail, il est évident qu'il faut la chercher dans la simplification des systèmes et dans les procédés expéditifs d'exécution.

En résumé, la vulgarisation des machines dans l'agriculture est devenue nécessaire à tous les points de vue ; elle est acceptée de tous les hommes d'intelligence, de tous les hommes pratiques ; l'expérience a fait en France, comme à l'étranger, justice des objections élevées contre leur emploi par l'ignorance. Mais il faut apprendre à s'en servir ; il faut reconnaître quand elles sont bien construites et capables de réaliser un but voulu. Tel est l'objet de notre travail.

L'étude de tous les engins mécaniques agricoles,

si variés d'ailleurs quant au système, serait illi-
mitée. Nous nous en tiendrons donc à l'exposé très-
élémentaire des principes généraux de la construction de toute machine en général; leur application
aux cas particuliers sera facile pour arriver à un
établissement plus soigné et à une conduite plus in-
telligente. Quant à la machine à vapeur, où l'industrie agricole puise de plus en plus sa force motrice, elle sera en ce moment l'objet plus spécial
de nos études.

II

PRINCIPES GÉNÉRAUX SUR LA CONSTRUCTION
DES MACHINES AGRICOLES.

Les règles suivant lesquelles toute machine doit
être construite ou installée peuvent se réduire à
un petit nombre de principes fondamentaux, faciles
à saisir. Nous allons les exposer dans ce para-
graphe.

La dimension des pièces dans une machine ne
doit pas être laissée à l'arbitraire ; elle doit résulter
du calcul. Ce calcul de la proportion des organes
est simple et tout à fait élémentaire, du moins pour
les cas les plus fréquents que l'on rencontre dans

la mécanique rurale. Il faut seulement être fidèle à trois précautions :

1° Se rendre compte de la nature des efforts qui tendent à déformer ou briser les pièces. Celles-ci peuvent être soumises à des efforts, isolés ou simultanés, de *traction* ou arrachement ; 2° *compression* ou écrasement ; 3° *torsion* ; 4° *flexion* transversale. Si, par exemple, une pièce est exposée à la fois à être tordue ou écrasée, qu'il soit indiqué par le calcul de lui donner 3 centimètres de section pour résister à la torsion, et 4 centimètres pour résister à la flexion, c'est évidemment 4 centimètres qu'on devra lui assigner comme dimension définitive.

2° Estimer aussi exactement que possible les efforts destructeurs ou même simplement déformateurs pour toutes les circonstances, non-seulement normales, mais accidentelles. Or, il arrive très-fréquemment qu'indépendamment de leur travail habituel, les machines peuvent être soumises à des vibrations, secousses ou chocs ; quelque rares que soient ces éventualités, il faut les prévoir quand on proportionne les organes, sinon des ruptures arriveront nécessairement à un jour donné.

3° Il ne faut cependant pas sans nécessité donner aux pièces un volume exagéré, car il s'ensuit un excès de poids et de prix important à éviter ; il faut quelquefois le faire en dehors des considérations théoriques pour éviter de multiplier les modèles, mais, d'autre part, il ne faut pas oublier qu'outre l'excès de poids et de matière, les grosses pièces, surtout celles en métal, sont toujours plus difficiles à réussir dans le travail, si on n'a pas des outils énergiques pour les façonner.

Sous le mérite de ces observations, on pourra facilement proportionner les organes à l'aide des règles, et quelquefois même, à l'aide des calculs tout faits, qu'on trouve dans des livres d'un caractère éminemment pratique. Il en existe un grand nombre; nous indiquerons : *le Carnet à l'usage des ingénieurs,* — *l'Aide-Mémoire du général Morin,* — *l'Aide-Mémoire de Claudel,* etc., recueils contenant une multitude de documents de toute sorte, etc.

Le choix des matières n'est pas indifférent, non plus que le *sens* dans lequel on les présente pour résister aux efforts. Ainsi, le bois doit être employé *de bout* pour résister à la compression ou à la traction, et transversalement aux fibres dans les autres cas. Le bois ne doit pas être employé pour les pièces sujettes à des variations notables de température ou d'humidité, car alors il *joue* et les pièces se déforment. Dans ce même cas les mélanges de bois et de fer sont également mauvais.

La *fonte* de fer ne doit jamais être employée pour les pièces sujettes à éprouver des chocs, des secousses, des vibrations brusques, ou dont l'explosion peut avoir de graves conséquences pour la sécurité publique.

Toute pièce qui a des fentes dans le travers de l'effort doit être rebutée ; les fentes longitudinales sont ordinairement moins dangereuses ; les premières ne tardent pas à servir de point de départ a des ruptures.

Il faut enfin, dans la fabrication des pièces, éviter les *angles vifs* et raccorder par des courbes (dites en congés) les différences de dimension, telles que les renflements sur les arbres et essieux. C'est ordinairement

aux angles vifs que commencent les ruptures. La fig. 1 ci-contre fournit un exemple de pièce vicieuse à angles vifs ; la fig. 2 montre la même pièce avec les angles arrondis comme il convient.

Quant à la forme des organes, il faut d'abord en retrancher tout ce qui n'est qu'ornement. L'ornementation est presque toujours de mauvais goût en mécanique, en même temps qu'une cause de dépense. C'est à l'harmonie générale des formes et agencements qu'il faut demander cette impression favorable que nous ressentons devant une machine, tandis qu'une autre nous paraît massive ou grêle.

Nous recommanderons en second lieu d'éviter les cavernes ou saillies qui deviennent des *nids à cam-*

bouis et où l'œil se perd dans la complication des lignes.

Les organes droits, lisses, légèrement arrondis sont toujours les plus faciles à fabriquer et à entretenir. Les nervures propres à fortifier certaines pièces de fonte, les cornières consolidant les pièces forgées doivent être ménagées avec réserve et autant que possible dans le dessous des pièces.

Enfin, ce qui importe pour l'économie dans une fabrication courante, c'est de restreindre les différents types de pièces au moindre nombre possible en les répétant et en déterminant des dimensions moyennes propres aux diverses circonstances.

Les assemblages de pièces sont souvent très-négligés. Il y aurait à faire sur ce point tout un cours de construction. Mais pour ceux à qui s'adresse cet ouvrage, il suffira de faire trois recommandations :

1° Les *portées* ou *platines* par lesquelles les pièces tiennent ensemble doivent être dressées à l'ajustage ou du moins *parées* à chaud par le forgeron, de manière que l'application soit complète et sans vide intermédiaire.

2° Ce n'est pas sur les vis et boulons d'attache que doivent porter les efforts sollicitant les pièces. Celles-ci doivent être en quelque sorte agrafées ensemble, soit naturellement, soit à l'aide d'épaulements ou talons opposés à la direction de l'effort, de manière que les boulons ne soient plus qu'un complément retenant les pièces. La fig. 1 ci-contre

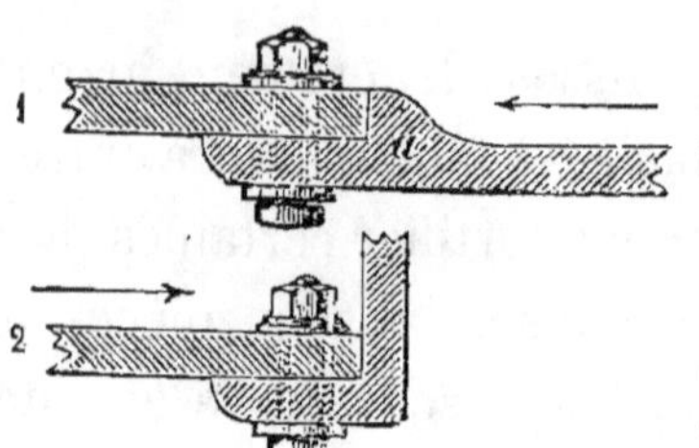

donne un exemple d'ajustage par boulon et épaulement *a*, où la flèche indique la direction de l'effort contre lequel lutte cet épaulement.

Dans la fig. 2 on suppose deux pièces formant ensemble équerre et où l'une sert naturellement d'appui à l'autre ;

3° Les boulons, écrous, vis, goupilles, goujons, et autres petites pièces, sont souvent traités avec une négligence dont on a enfin fait justice dans l'industrie manufacturière. Toute pièce est importante dans une machine, sinon sa présence n'a pas de raison d'être. Or, ces petites pièces que nous venons de désigner servent à retenir en place les assemblages ; et si, par leur fait, ceux-ci ont du jeu, bientôt ils se détraquent. Les têtes de vis, boulons et écrous doivent donc porter d'aplomb, par toute leur embase ; les filets doivent être sains et bien proportionnés ; les côtés des têtes doivent être calibrés suivant la dimension des clefs de serrage et réciproquement, sinon les angles s'effacent en peu de temps. Aujourd'hui que ces pièces se font, en grande fabrication, dans des usines spéciales, on ne s'explique vraiment pas qu'ils soient encore si vicieux dans une multitude de machines. La plupart des Traités de mécanique et notamment ceux cités à la page 17 donnent les proportions des pièces en question.

Les constructeurs anglais emploient un mode d'assemblage par vis et boulons qui est particulièrement à recommander dans la mécanique agricole où l'on veut faire le moins de frais possible dans l'ajustage ; il consiste à faire les trous pour le passage des boulons, plus grands qu'il n'est besoin et grossièrement, et l'on place sous l'embase ou tête du boulon, ainsi que sous l'écrou, des rondelles qu'on a fait en pacotille à temps perdu.

Si les surfaces frottantes sont trop petites, si l'huile ou autres matières lubrifiantes n'arrivent pas librement entre elles, si avec l'huile il y pénètre de la poussière qui l'épaissit, si enfin, les surfaces frottantes ne sont pas abordables de manière qu'on puisse à tout instant les suivre et les soigner, les pièces s'échauffent, parfois presque jusqu'au rouge, et les ruptures sont imminentes.

En principe les surfaces de frottement doivent être calculées de manière à ne pas supporter plus de 30 kilog. de pression par centimètre carré de surface. C'est encore beaucoup si la vitesse est considérable et si on redoute des chocs fréquents. Dans ce cas on descend parfois même au-dessous de 15 kilog.

Il faut en outre que les paliers, coussinets et articulations frottantes soient sous la main du conducteur et qu'il puisse graisser sans arrêter la machine et sans danger pour lui.

Voici une dernière recommandation qui s'applique surtout à celui qui achète ou conduit une machine : ne lui *demandez jamais plus de travail que celui pour lequel le constructeur l'a garantie*. Ainsi, une machine à vapeur a été achetée pour la puissance effective de 6 chevaux, vous pouvez lui demander moins, mais ne lui demandez pas plus. En la *poussant* vous lui ferez peut-être rendre davantage selon vos besoins, mais vous l'exposez à tous les dangers qui vous menacent lorsque vous surchargez une bête de somme; celle-ci porte peut-être le poids voulu, mais elle s'épuise si elle ne succombe pas du coup.

Lorsqu'on veut acquérir une machine, il importe d'abord d'estimer sans lésinerie le travail qu'on veut lui faire faire, et si on prévoit des augmentations ultérieures, c'est en vue d'eux qu'il faut commander les engins mécaniques.

Une machine dont la force dépasse les besoins ctuels est plus coûteuse d'acquisition, mais elle se fatigue moins en travaillant puisqu'elle ménage ses forces; elle est plus économique d'entretien; elle permet de parer à toutes les éventualités, et s'il faut indiquer au cultivateur un exemple pris dans les objets qui sont tous les jours sous sa main, nous prendrons celui d'un fort cheval dont on augmente sans danger le travail ordinaire, tandis que si on ne possède qu'un faible animal à peine suffisant pour les besoins d'aujourd'hui, on ne pourra lui imposer aucune surcharge.

A une forte machine, comme à un fort cheval, on peut n'imposer qu'un travail très-réduit ; mais si, même lorsqu'il ne fournit qu'une faible partie de sa force, le cheval absorbe les mêmes frais de nourriture et d'entretien, une machine, au contraire, ne dépense guère en alimentation et en entretien qu'en proportion de son travail, dans certaines limites toutefois, car une machine absorbe beaucoup pour se mouvoir elle-même, quoiqu'il soit encore vrai que ses propres frottements augmentent avec la quantité de travail demandée.

Ce qui précède s'applique à toutes machines agricoles, ce sont les principes généraux de la construction mécanique. Nous voudrions entrer dans l'étude détaillée des meilleures combinaisons et de la conduite des différents engins mécaniques propres à l'agriculture, et indiquer comment les circonstances locales doivent les modifier suivant la recommandation faite à la page 4. Mais ce ne pourrait être l'objet que d'un très-volumineux ouvrage excédant de beaucoup les bornes qu'il convient de donner à cet exposé sommaire des principes généraux les plus utiles aux constructeurs, propriétaires et conducteurs de machines agricoles. Chaque nature de travail devrait être étudiée, chaque système d'engin affecté à ce travail devrait être discuté comme nous allons le faire pour la machine à vapeur, à laquelle on commence à demander souvent la force motrice propre à mouvoir les engins divers employés dans les fermes.

DEUXIÈME PARTIE.

DE LA FORCE MOTRICE DANS L'AGRICULTURE ET EN PARTICULIER DE LA VAPEUR.

I

DE L'EMPLOI DES MOTEURS MÉCANIQUES EN AGRICULTURE.

Il ne suffit pas d'avoir un outil capable d'effectuer un certain travail, il faut le mouvoir en y appliquant une force proportionnelle à la quantité même de ce travail. Il importe de dire, avant tout, que l'homme ne crée pas la force ; elle est dans la nature. La Providence nous en a fourni diverses sources ; nous les utilisons, nous les appliquons, nous en obtenons de la vitesse ou un effort, mais l'un toujours au détriment de l'autre, et réciproquement. Les engrenages, les leviers et les combinaisons d'organes mécaniques, reçoivent une force donnée d'une cause naturelle, et peuvent à volonté la transmettre telle qu'elle est reçue, moins la perte d'effort due aux frottements réciproques des pièces; ils peuvent aussi la décomposer comme nous venons de le dire, et la transformer en vitesse ou en puissance; mais il faut bien prendre garde à ne pas voir en eux un principe même de force, comme le croit trop souvent l'ignorance.

Les principales forces connues, dont nous disposons, sont : 1° la puissance musculaire de l'homme ou des animaux; 2° la pesanteur ou chute verticale des corps attirés d'eux-mêmes vers le centre de la terre, par une action dont tous nous connaissons les effets; 3° l'eau dont la chute ou le courant empruntant leur action à la pesanteur, font mouvoir les roues hydrauliques et les turbines; 4° les courants de corps gazeux, tels que le vent qui agit sur les ailes des moulins à peu près de la même manière que les courants liquides; 5° les dilatations des gaz et de la vapeur, sous l'action du calorique, qui exercent, dans certains appareils, une *pression* qu'on utilise, comme dans les machines à vapeur.

Toutes ces sources de forces naturelles sont étudiées dans de longs traités spéciaux, et elles sont appliquées communément dans la pratique des campagnes, sauf les machines à vapeur dont l'emploi, quoique déjà très-fréquent, ne remonte qu'à quelques années et sur lesquelles il existe jusqu'ici peu d'instructions vraiment élémentaires. C'est donc à la machine à vapeur que nous allons consacrer notre étude en nous attachant à généraliser autant que possible, afin que le lecteur puisse faire son profit de ce qui va suivre, même à l'égard d'autres machines.

Nous poserons avant tout cette question :

En quel cas doit-on préférer la vapeur aux autres forces motrices? La réponse à faire dépend exclusivement des circonstances locales, mais on peut formuler quelques principes:

1° Il n'y a lieu d'employer les moteurs mécaniques et en particulier les machines à vapeur que lorsqu'on a besoin d'une force excédant celle de plusieurs hommes ou bêtes de trait pour faire dans le même temps un travail égal.

2° Le vent et l'eau sont deux sources de force motrice que la nature fournit à discrétion sans autre frais que les appareils récepteurs; mais ces forces sont souvent très-irrégulières et incertaines, et il peut être plus économique d'employer une machine à vapeur dont le travail est constant.

3° La création de la vapeur demande de l'eau pure et du combustible en assez notable quantité. Si on ne peut se procurer ces deux éléments qu'à grands frais, il faut recourir à une autre force motrice, telle que les manéges, les appareils hydrauliques, etc.

4° Dans les exploitations où il est *nécessaire*

d'avoir un grand nombre de chevaux, bœufs ou vaches *susceptibles de travailler*, il peut être plus avantageux de les appliquer à la production de la force motrice à l'aide de grands manéges plutôt que d'employer les machines à vapeur ou autre force mécanique.

Donc, quelque avantageuse que soit en principe la machine à vapeur, il faut dans son emploi se garder des règles absolues. Les quatre principes qui précèdent, unis à une sérieuse étude des besoins locaux, permettront à tout homme intelligent de déterminer s'il doit, comme en tant d'exemples, préférer une machine à vapeur aux moteurs animés.

L'étude de la machine à vapeur traitée avec les développements qu'elle comporte, demanderait un long ouvrage. Nous-même, malgré notre désir d'éliminer tout ce qui ne tenait pas à la pratique, nous n'avons pas pu consacrer moins d'un volume et demi à l'exposé élémentaire des lois qui servent à l'établissement des machines à vapeur fixes et locomobiles [1] ; nous sommes forcé d'y renvoyer le lecteur désireux d'approfondir cette étude, nous bornant à résumer les principales règles d'établissement et de conduite.

1. *Traité élémentaire et pratique des machines à vapeur fixes, locomobiles, locomotives et marines*, 2 vol.

1

PRINCIPE FONDAMENTAL DES MACHINES A VAPEUR.

Par l'action de la *chaleur* que l'on produit en brûlant au contact *de l'air* les corps dits *combustibles*, l'eau se transforme en un autre corps gazeux nommé vapeur. Cette vapeur à son tour *se condense*, c'est-à-dire retourne à son primitif état liquide, dès qu'on la soumet à une action refroidissante quelconque. La propriété essentielle de la vapeur et des gaz est que les particules dont ils se composent tendent à s'écarter indéfiniment en exerçant une *pression* égale sur toutes les parois du vase qui les emprisonne, et si une de ces parois est agencée de manière à céder à la pression, elle sera chassée devant la vapeur jusqu'à ce que celle-ci soit elle-même émise dans l'air où elle se perd, ou détruite par la *condensation*. C'est, on va le voir, ce qui a lieu pour le piston des machines à vapeur.

En chauffant le vase clos ou chaudière dans lequel l'eau à vaporiser est renfermée, on amène d'abord bientôt la vapeur à une pression suffisante, pour contre-balancer la pression que l'air atmosphérique exerce sur tous les objets de notre globe qui ne sont pas dans le vide, pression qui égale en nombre rond 1 kilog. par centimètre carré[1]; puis en activant davantage le feu, et en faisant le vase suffisamment solide, on peut faire monter la pression de la vapeur de manière à produire un effort plusieurs fois égal à celui de l'air atmosphérique. Donc, lorsqu'on dit qu'une machine à vapeur fonctionne à 2, 3, 5, 8 atmosphères, cela signifie qu'avec une activité voulue de feu, et parce qu'on a fait les organes de l'appareil avec une solidité suffisante, lavapeur égale 2, 3, 5, 8 fois la pression atmosphérique, et, produit par conséquent 2, 3, 5, 8 kilog. d'effort par centimètre carré. Les machines qui ne fonctionnent guère que sous une pression égale à celle de l'atmosphère sont dites à *basse pression;* à 4 atmosphères et au-dessus, on dit que la machine est à *haute pression;* entre 1 et 3 atmosphères, on dit qu'elle est à *moyenne pression.*

Les machines à haute pression quoique fonctionnant sous une pression plus forte, ne sont pas plus dangereuses, parce que les organes sont établis en conséquence. De plus, par les soins de l'autorité administrative, elles ont été essayées avant de sortir de chez le constructeur sous une pression d'épreuve

---

1. Le nombre exact est 1 k. 033.

au moins double et souvent triple de la pression de
service, c'est-à-dire sous 3 kilog. de pression par centimètre carré pour celles qui doivent fonctionner à
basse pression, et sous 3 fois 8, c'est-à-dire 24 kilog.,
si la pression de service doit être 8 atmosphères.
Or, il est facile à un chauffeur négligent de dépasser dans le premier cas la pression-limite de
3 atmosphères, mais il faudrait le vouloir à tout
prix pour atteindre dans le second cas celle de
24 atmosphères, car à cette pression considérable
correspond une chaleur d'une intensité difficile à
produire dans l'état actuel des chaudières à vapeur.

Toutefois, les machines où la pression intérieure
est considérable sont plus exposées aux fuites, les
joints doivent être plus solides, l'exécution plus
parfaite, il y a plus de perte de calorique. Mais les
machines à haute pression sont moins lourdes et
moins volumineuses, puisque la pression par unité
de surface est plus grande. Nous croyons que cinq
atmosphères effectives donnent la limite à laquelle il
convient de s'arrêter dans les machines à vapeur
rurales. En Angleterre, les constructeurs se tiennent
souvent à quatre atmosphères effectives.

On sait qu'on évalue *en chevaux* la force des moteurs. Il faudrait pour bien expliquer cette expres-
sion entrer dans de longs développements sur le
travail mécanique ; nous nous bornerons à dire que
suivant l'usage le plus général la force du *cheval*

vapeur est celle qui est capable d'enlever en 1 seconde un poids de 75 kilog. à 1 mètre de hauteur. Donc, il faudra 2 chevaux de force pour élever ce même poids à 2 mètres, ou pour enlever à 1 mètre un poids double, ou enfin pour enlever à 1 mètre le poids de 75 kilog. le double plus vite.

Cette évaluation qu'on doit à l'illustre Watt, le père de la machine à vapeur[1], est exagérée relativement à la puissance réelle du cheval ordinaire; il ne peut guère enlever ainsi plus de 60 kilog. en travaillant au plus 8 heures par jour. Le *cheval-*

---

1. En quelques mots nous résumerons l'histoire de la machine à vapeur : la connaissance de la puissance expansive de la vapeur d'eau paraît très-ancienne. Salomon de Caus, un Français, est le premier, qui dans les *temps modernes* (1615), ait indiqué avec précision un mode d'utilisation industrielle de cette force. A la fin de ce même XVIIe siècle, Papin, de Blois, la propose de nouveau pour l'*épuisement des mines* et la *navigation*. Quelques années plus tard, Savery, Newcomen et Cauley construisent en Angleterre la première machine à vapeur connue : Watt vient ensuite lui donner la perfection qui l'a popularisée et qui n'a été depuis complétée que dans les détails. En France, les machines à vapeur ont été propagées vers la fin du premier quart de nôtre siècle principalement par MM. Hallet (d'Arras), Pieth et Cavé (de Paris). Les premières machines à vapeur appliquées à l'agriculture sous la forme locomobile ou autre, l'ont été en Angleterre vers 1848. M. Calla (de La Chapelle, près Paris), est le premier qui, vers 1852, ait couramment construit et propagée en France des machines à vapeur locomobiles proprement dites. Vers 1850, M. Lotz (de Nantes) a construit ses premières bateuses à vapeur.

vapeur est donc plus fort que le *cheval-animal ;* il travaille en outre indéfiniment sans se fatiguer.

Dans une brochure que distribuait à l'exposition universelle de 1851 M. Clayton, éminent constructeur de machines rurales en Angleterre, on trouve une estimation du travail des machines à vapeur locomobiles de diverses forces, dont nous lui laissons la responsabilité, mais qui est cependant intéressante à consulter au moins à titre de renseignement.

Machine de 3 chevaux : prix à l'usine 3,375 fr., poids 1,530 kilog., consomme par journée de dix heures 150 kilog. de houille et 1,220 litres d'eau. Cette machine convient aux petits fermiers, elle bat 160 boisseaux de froment en dix heures ; un cheval suffit pour la traîner sur les routes des fermes.

Machine de 4 chevaux : prix 3,875 fr., poids 2,040 kilog., consomme par journée de dix heures 200 kilog. de houille et 1,630 litres d'eau ; même usage que la précédente.

Machine de 5 chevaux : prix 4,375 fr., poids 2,550 kilog., consomme par journée de dix heures 255 kilog. de houille et 2,035 litres d'eau ; bat 280 boisseaux de blé ; 2 chevaux la traînent sur une route passable ; est convenable pour la location dans les endroits où la propriété est divisée.

Machine de 6 chevaux : prix 4,875 fr., poids 2,800 kilog., consomme par jour 300 kilog. de houille et 2,440 litres d'eau ; même usage que la précédente.

Machine de 7 chevaux : prix 5,375 fr., poids 3,060 kil., consomme par journée de dix heures 360 kilog. de houille et 2,490 litres d'eau ; elle convient aux grandes fermes, elle sert à scier, pomper, remorquer pour le rangement ; elle peut battre 480 boisseaux en dix heures ; c'est la machine la plus demandée aux constructeurs par les grandes exploitations. C'est celle qui a le mieux réussi dans les concours.

Machine de 9 à 10 chevaux à 2 cylindres : prix 6,375 fr., poids 3,825 kilog., consomme en dix heures 460 kilog. de houille et 3,616 litres d'eau. Les 2 cylindres sont une complication peu compatible avec l'usage des fermes. Elle dépasse la force dont les agriculteurs ont généralement besoin. Elle convient cependant aux grandes fermes où il y a des moulins à mouvoir, beaucoup de bois à scier, de vastes greniers à ranger ; elle peut battre jusqu'à 720 boisseaux de grains par journée de dix heures ; elle est beaucoup demandée en Écosse.

Avec M. Clayton nous croyons que les forces de 4 à 6 chevaux suffisent à tous les besoins de l'agriculture, sauf pour les exploitations d'une importance exceptionnelle. En tous cas, lorsqu'on se propose d'acquérir une machine à vapeur, il suffira de bien expliquer au constructeur ou à un ingénieur ce qu'on veut lui faire faire, en le priant d'évaluer le nombre de chevaux qu'on doit demander à la machine, et se rappeler qu'il faut toujours faire largement cette évaluation. (Voy. pag. 22.)

Pour évaluer exactement la force d'une machine construite on l'expérimente au *frein dynamométrique*. Mais cette expérience longue et coûteuse ne peut être faite que par des ingénieurs en ayant la pratique. On peut approximativement, par les dimensions, évaluer cette force, mais cette évaluation elle-même suppose une connaissance assez approfondie du principe de la machine. On pourra s'en rapporter, faute de mieux, à la surface de chauffe de la chaudière et compter environ autant de *chevaux* qu'elle a de mètres carrés. Ainsi, si en mesurant, ce qui est facile, sa surface de chauffe (voyez p. 47), on lui trouve 3, 5, 8 mètres carrés, on pourra sans trop d'erreur estimer la machine à 3, 5, 8 chevaux de force moyenne.

III.

DIVERS SYSTÈMES DE MACHINES A VAPEUR.

Les systèmes de machines à vapeur sont très-nombreux, et il s'en faut de beaucoup que leur application soit indifférente, surtout dans les travaux agricoles. On a déjà dit qu'au point de vue de la pression de vapeur à l'intérieur de la chaudière on les distinguait en machines à basse, moyenne et haute pression, et que tantôt elles laissent échapper la vapeur dans l'air après son action motrice, tantôt on condense cette vapeur dans des appareils assez délicats et compliqués. Les motifs de préférence dépendent de très-nombreuses circonstances à étudier, et sur ce point nous sommes encore obligé de renvoyer aux Traités complets nous bornant à dire que : 1° Les machines à haute pression sans condensation sont plus légères, moins spacieuses, plus simples, peut-être moins dangereuses. (Voir page 30.)

Les machines à condensation sont plus économiques de consommation, mais plus coûteuses d'achat, plus lourdes, compliquées et délicates, et elles demandent pour la condensation une quantité d'eau froide et limpide qu'on peut évaluer à environ 500 litres par cheval et par heure. Elle seront donc préférées quand on aura de l'eau à discrétion, que le combustible sera très-coûteux et qu'on aura un bon mécanicien pour les conduire.

Les machines à vapeur rurales qu'on a construites jusqu'ici ont été établies à demeure et constituent des *machines fixes,* ou bien on les a rendues ambulantes ou *locomobiles.* Ce dernier système domine en France ; l'autre se voit fréquemment dans les grandes exploitations d'Angleterre et d'Écosse. Les deux systèmes ont leur raison d'être suivant les circonstances locales. La locomobile est, comme l'indique son nom, destinée à voyager; en quelques minutes elle est prête à fonctionner, et à desservir les engins mécaniques à mouvoir, vers lesquels elle est successivement dirigée. Pour les grandes exploitations agricoles où on dispose à demeure dans un ou plusieurs bâtiments contigus, les engins à mouvoir, tels que : batteuse, râpe, baratte, van, scierie, coupe-racines, etc., il est rationnel de donner à *cette petite usine,* où tout est fixe, un moteur fixe lui-même. Cette distinction des deux cas est très-importante, car les locomobiles devant être, avant tout, transportables, tout est sacrifié à cette condition : organes ramassés et animés de mouvements rapides, agencements économiques négligés, chaudière à la fois puissante et légère, appartenant par conséquent au système tubulaire qui est compliqué et d'un entretien difficile. Les machines fixes, au contraire, peuvent recevoir tous les agencements reconnus les plus simples, les plus faciles à entretenir et à conduire, car on n'est pas gêné par des limites de poids et de volume. Ainsi, au lieu des chaudières tubulaires, seules acceptables pour les locomobiles, on emploie de préférence pour les machines établies à demeure, des chaudières cylindriques, même dépourvues de bouilleurs, et enfermées dans un fourneau de maçonnerie. Pour le mécanisme moteur nous conseillerons de même les organes à lents et amples mouvements dont l'usure est moins rapide et les secousses moins sujettes à causer des ruptures.

On a beaucoup discuté sur les meilleurs agencements à donner aux organes du mécanisme; les machines à cylindre oscillant, celles à cylindre fixe horizontal ou vertical ont été recommandées ou repoussées, à notre avis, sans raisons sérieuses. Tous ces systèmes, quand ils sont bien établis, sont également bons. En Angleterre on paraît préférer les machines verticales qui demandent moins d'espace; les modes françaises favorisent le système horizontal, quoique l'installation soit quelquefois plus spacieuse. Quant au type oscillant, son mérite est la simplicité; mais il faut un bon mécanicien pour la régler et pour remédier à l'usure des tourillons du cylindre.

En tous cas, ce que nous excluons absolument de l'industrie rurale, toujours plus ou moins privée des conseils des ingénieurs et du secours des ateliers, ce sont les machines compliquées, les innovations qui n'ont pas fait largement leurs preuves, et les organes qui ne réussissent qu'entre les mains de mécaniciens d'élite.

IV

COMPOSITION ÉLÉMENTAIRE DES MACHINES A VAPEUR.

Dans toute machine à vapeur il y a deux parties principales distinctes : le générateur ou chaudière, l'opérateur ou mécanisme proprement dit. Dans le premier la vapeur est créée, dans le second elle est reçue et utilisée pour produire un mouvement.

Dans le générateur il y a quatre parties fondamentales, savoir : 1° le foyer et sa grille ; 2° la cheminée ; 3° les conduits de chaleur ; 4° la chaudière proprement dite ou chambre d'eau et de vapeur, dont les parois exposées au feu constituent la surface de chauffe.

1

GÉNÉRATEUR.

Foyer ou fourneau. — On appelle ainsi la partie du générateur dans le fond de laquelle est la *grille* et où se développe la chaleur par l'effet de la combustion.

Celle-ci est une *réaction*, c'est-à-dire une opération chimique qui se produit par l'action mutuelle de deux corps, que l'on met en contact et qui sont, l'un un corps riche en carbone (charbon pur) nommé *combustible*, l'autre un corps gazeux invisible nommé *oxygène*, qui est un des éléments constitutifs de l'air atmosphérique et qu'on fait arriver dans le foyer à travers la grille où repose le combustible, par l'action aspirante de la cheminée.

En général, le simple contact de l'oxygène et du combustible ne suffit pas pour déterminer la combustion ; celle-ci ne se produit pas à froid ; il faut que ses éléments soient tout d'abord exposés à une forte chaleur. C'est le but que nous nous proposons lorsque nous *allumons* ou *enflammons* le foyer ; nous y apportons un combustible déjà incandescent, c'est-à-dire en train de subir lui-même la réaction chimique en question ; sa chaleur se communique successivement à la masse froide du combustible ; elle s'échauffe, et bientôt sous l'action de l'oxygène attiré par la cheminée, sa propre combustion commence. Son activité dépendra de la vivacité avec laquelle l'air chargé d'oxygène sera utilement appelé dans le foyer ; c'est un fait que tout le monde connaît et qu'on réalise instinctivement, lorsqu'on ouvre plus ou moins la clef d'une cheminée de poêle, quand on augmente ou qu'on diminue la hauteur de cette cheminée, ou bien enfin lorsqu'on bouche ou qu'on ouvre le passage par lequel l'air arrive sur le combustible.

Quoique cela ne regarde pas les machines à vapeur, il ne sera cependant pas sans intérêt pratique de dire qu'il n'est pas rigoureusement nécessaire d'allumer le combustible avec du feu pour déterminer une combustion ; elle peut se produire par le simple contact de l'air et du combustible, si ce contact est accompagné d'une chaleur suffisante ; ainsi s'explique, par exemple entre autres phénomènes, ces incendies spontanés qui se déclarent dans les fermes sans que personne les ait allumés. Il faut savoir, en effet, qu'au sein des amas de broussaille, houille, paille, foin, surtout quand ils ne sont pas secs, il peut se produire des décompositions ou fermentations naturellement accompagnées de chaleur ; et comme ces substances sont éminemment combustibles, on comprend, d'une part, que l'incandescence se déclare dès qu'on laisse affluer l'air à l'intérieur de la masse en décomposition, et que le meilleur moyen, au contraire, de prévenir l'incendie, est d'intercepter cette arrivée d'air au cœur du foyer et de commencer avant tout par l'étouffer en le couvrant de terre, de tissus de laine ou autres corps non inflammables. Avec de telles précautions prises à temps et avec sang-froid, nous connaissons des incendies de ferme qu'on fût facilement parvenu à prévenir ou du moins à localiser, sans même attendre l'arrivée des pompes.

Le résultat de la combustion, c'est-à-dire de la

combinaison, sous l'influence d'une haute température de l'air et d'un combustible, est la production d'un nouveau gaz invisible qu'on nomme l'*acide carbonique*, plus ou moins mélangé d'autres substances gazeuses. En outre, il s'y mêle des particules charbonneuses non brûlées qui en noircissent le courant : c'est cette masse noire que nous voyons sortir de la cheminée et que nous appelons *fumée*. (Voy. p. 92.) Ce courant de gaz, produit de la combustion, est très-chaud ; et en léchant les parois de la chaudière pour se rendre à la cheminée, ces gaz chauds cèdent à l'eau leur calorique et la convertissent en vapeur.

Quelquefois, il ne se produit pas de fumée parce que le combustible n'est pas de nature à émettre ces particules noires dont nous venons de parler ; mais si la quantité d'air amené dans le foyer n'est pas assez considérable, eu égard à la masse du combustible qu'il contient, non-seulement on le brûle dans de mauvaises conditions, mais il se forme un nouveau gaz qui n'est plus de l'acide carbonique, mais de l'*oxyde de carbone*. On le reconnaît en général à l'existence de petites flammes bleuâtres comme celles qu'on voit dans la combustion bien connue du charbon de bois. Il faut alors donner plus d'air dans le foyer, en activant le tirage de la cheminée ou en ouvrant le cendrier, s'il se peut.

L'oxyde de carbone et même, à un moindre degré, l'acide carbonique sont deux gaz d'autant plus

dangereux à respirer qu'ils sont incolores, presque
sans odeur et que leur présence ne se décèle que
par un léger mal de tête et une tendance au som-
meil. C'est pour cela que tant de personnes péris-
sent pour avoir allumé du charbon dans des
chambres sans issue, ou pour avoir séjourné longtemps sur du foin ou autres végétaux récemment
engrangés, qui émettent, avec une certaine odeur
caractérisée, des gaz analogues et non moins dangereux.

Les combustibles employés dans les machines à
vapeur sont : la houille, le coke, la tourbe, le bois,
le tan, etc. (Voy. p. 93.) Pour les brûler utilement
et avec économie, il faut plusieurs précautions :

1° Que la grille soit exactement couverte sans
trouée et sur une épaisseur égale ;

2° Cette épaisseur doit être en raison de la nature
du combustible : 10 à 15 décimètres avec la houille
et la tourbe ; 15 à 20 centimètres avec le bois, environ 30 centimètres avec le coke, car il ne brûle
bien qu'en grande masse ;

3° Que le vide entre les barreaux soit libre et dé-
gagé de mâchefer ; que le cendrier soit assez profond, et qu'on ait soin de vider les cendres avant
qu'elles ne le remplissent ; qu'enfin on prévienne
toute arrivée d'air dans le foyer autrement que
par le dessous de la grille ;

4° Lorsqu'on emploie des combustibles en morceaux, que la grosseur de ceux-ci soit en moyenne de la grosseur du poing; s'ils sont en poussière, et qu'on charge sur trop d'épaisseur, ils ne laissent pas arriver l'air et ils étouffent le feu; s'ils sont en trop gros morceaux, ils laissent passer trop d'air entre eux et se consument sans profit;

5° Quand la combustion se fait avec des torrents de fumée qui subsistent trop longtemps après le chargement du foyer, c'est le signe d'une réaction qui se fait mal; il n'arrive pas assez d'air ou on a trop chargé à la fois;

6° Il faut charger le feu à intervalles égaux de manière que la chaleur soit à peu près constante. C'est là un des principes les plus élémentaires pour conduire avec économie et régularité. Les intermittences de calorique causent en outre des tiraillements dans le métal qui détruisent rapidement la chaudière.

La forme du foyer est indifférente, sauf pour le bois en *bûches;* celles-ci doivent être sciées en raison de la longueur du foyer. La grille doit avoir toujours 2 lits, l'un réduit en braise, l'autre commençant à brûler; et pour qu'il n'y ait aucune trouée et qu'on n'ait qu'une seule longueur de bois scié, il faut que le foyer soit de forme rectangulaire: dans tous les autres cas il peut être circulaire ou semi-circulaire, ce qui entraîne une grande simplification dans certains types de chaudière.

La *cheminée* est l'âme de la chaudière, c'est elle qui non-seulement entraîne hors du foyer la fumée et les gaz provenant de la combustion, mais elle attire à leur place, à travers la grille et la masse de combustible, l'air nécessaire pour brûler celui-ci. Des principes mécaniques, trop longs à développer ici, permettent de déterminer sa hauteur et sa section. Lorsqu'on ne peut pourvoir l'appareil de cheminée ayant une dimension suffisante pour produire naturellement le tirage, on y lance un jet de vapeur; le tirage est alors très-énergique, et il faut souvent plutôt chercher à le modérer qu'à l'exciter, car dans la violence du tirage des morceaux de combustible incandescents peuvent être projetés au loin et incendier, si on n'a pas eu soin de munir la cheminée, en un point quelconque de son parcours, d'un treillage métallique pour retenir les escarbilles.

Carneaux ou *tubes*. — Entre le foyer et la cheminée la flamme et les gaz chauds produits par la combustion circulent dans des passages d'une certaine étendue qui leur permettent de céder leur haute température à l'eau qu'on veut vaporiser. Ce qu'on nomme *carneau* est une galerie unique de grande section ménagée autour ou à l'intérieur de la chaudière proprement dite qui contient l'eau. Souvent, au lieu d'une galerie unique il existe à l'intérieur de la chaudière une série de petits tubes où les gaz chauds se divisent, et qui forment, sous un faible volume une vaste surface de chauffe. Les chaudières de ce système ont, à égalité de dimensions, une puissance vaporisatrice considérable ; mais notre opinion est que leur complication, leur délicatesse dans la conduite et le grand entretien qu'elles exigent ne doivent pas les faire préférer en toutes circonstances ; en tout cas, c'est une grande faute dans les machines à vapeur rurales de rapprocher les tubes autant que les constructeurs le font quelquefois. On peut le faire dans les locomotives de chemin de fer, parce qu'on a là des ressources illimitées pour l'entretien et le choix des eaux ; mais pour le service des campagnes nous voulons au minimum 2 centimètres de distance entre les tubes.

Quand ils fuient autour de leur emmanchement, on les refoule intérieurement à *petits coups* de matoir ou de mandrin ; le constructeur a dû fournir ces outils en livrant la machine.

Quand la fuite a lieu dans le corps du tube, il faut en boucher les deux extrémités avec un tampon de *bois* dur, légèrement conique et bien arrondi, que tout conducteur peut faire et dont il doit toujours avoir provision, le feu brûle la partie saillante ; ce qui reste au ras du tube suffit pour l'obturation, jusqu'à ce qu'on change le mauvais tube. Autour des fuites des chaudières il se forme un amas de tartre pierreux qu'il ne faut pas enlever, car il masque la fuite et permet d'attendre la réparation.

La *surface de chauffe*, dans une chaudière à vapeur, est la partie de sa surface ou pourtour exposée à l'action du feu d'un côté, et de l'autre couverte par l'eau à vaporiser. La puissance vaporisatrice des chaudières est, à égalité de circonstances, à peu près proportionnelle à l'étendue de sa surface de chauffe. Dans le service courant d'une machine à vapeur rurale à tirage forcé par un jet de vapeur dans la cheminée, il faut compter en moyenne 0 m. q. 75 de surface de chauffe par cheval. C'est trop, il est vrai, si le tirage est très-violent; ce qui, nous l'avons vu, est un vice : mais cette proportion est insuffisante pour les chaudières de machines fixes où la cheminée produit naturellement le tirage par ses propres dimensions sans l'aide d'une injection de vapeur, et il est alors prudent de compter au moins 1 m. q. 30 de surface de chauffe par cheval tant directe qu'indirecte.

C'est dans l'agencement respectif du foyer, des galeries d'écoulement et de la surface de chauffe que les variations de systèmes sont presque indéfinies. Tantôt le foyer et les galeries sont intérieurs comme dans les locomobiles, à l'imitation des locomotives de chemins de fer et des chaudières de navigation; tantôt la chaudière est un vaste vase ne contenant intérieurement que l'eau et la vapeur; le foyer et les galeries sont alors ménagés à l'extérieur et construits en maçonnerie. Les dispositions de ces divers types et les mesures à prendre quand on les établit, sont développées dans les traités spéciaux auxquels nous sommes forcé de renvoyer encore, mais nous en détacherons quatre recommandations d'une grave importance :

1° En principe, une chaudière ne saurait être assez simple, à l'intérieur surtout; si des complications sont forcées dans certains systèmes, il ne faut accepter ces systèmes que lorsque tous les autres sont absolument incapables de se prêter aux circonstances;

2° Outre la partie intérieure de la chaudière occupée par l'eau à vaporiser, il faut ménager au-dessus de celle-ci un vaste espace clos où la vapeur s'emmagasine et achève de se sécher, c'est-à-dire de se dépouiller des bulles liquides entraînées avec elle, sinon la vapeur est *aqueuse*, c'est-à-dire mêlée de bulles d'eau, ce qui nuit beaucoup aux conditions économiques de son emploi. C'est surtout dans les chaudières à vaporisation rapide, tels que les systèmes dits tubulaires, qu'il importe de ménager de vastes réservoirs ou chambres de vapeur;

3° Toutes les parties planes d'une chaudière doivent être soigneusement consolidées par des armatures qui les empêchent de céder et de se déformer sous la pression intérieure. Admettons que la vapeur soit à la tension de cinq atmosphères, il en résulte une pression totale et effective de plus de 40,000 kil. par mètre carré; de simples parois non consolidées ne peuvent résister à un pareil effort ; mais il vaut mieux ne pas mettre d'armatures que de les poser insuffisamment et négligemment , car elles ne sont alors bonnes qu'à endormir la prudence ;

4° Quant au métal dont sont formées les chaudières, il n'en est que deux acceptés et acceptables, savoir : le fer et le cuivre laminés. Nous en banissons absolument les parois de fonte , parce que celle-ci peut avoir des *soufflures* et des *retraits* invisibles, et quelle casse *sec* sans annoncer, comme le fer, sa rupture et sa faiblesse, par des fuites et des déformations préalables.

Accessoires des chaudières. — Pour la sécurité, les règlements administratifs prescrivent divers organes accessoires ; ce sont d'abord : 1° les *flotteurs*, les *robinets et tubes-jauges* pour indiquer le *niveau d'eau*. Nous en parlerons à l'occasion de la pompe alimentaire : 2° les *robinets et bouchons de vidange* qu'on enlève pour nettoyer l'intérieur de la chaudière ; 3° le *manomètre*, appareil indiquant la pression de la vapeur ; 4° les *soupapes de sûreté*, qui se lèvent d'elles-mêmes lorsque la vapeur est en excès ; leur siége doit être bien entretenu, leur levée libre ; le conducteur ne doit pas oublier qu'en les surchargeant il s'expose aux plus terribles explosions et même à de sévères punitions, lors même qu'il n'arriverait pas d'accidents, s'il est surpris par les ingénieurs ou agents du service administratif.

2

MÉCANISME MOTEUR.

Il contient : 1° le cylindre et le piston ; 2° les organes distributeurs ; 3° les organes de transmission ; 4° les organes régulateurs.

Cylindre et piston. — L'organe essentiellement opérateur de la machine à vapeur est un cylindre évidé, en fonte, alésé de manière que son diamètre intérieur soit partout exactement égal. Un *piston* ajusté à frottement doux et hermétique y prend un mouvement de va-et-vient sous l'action de la vapeur qui vient de la chaudière et presse *successivement* ses deux faces, pendant que de l'autre côté la vapeur précédemment admise s'échappe hors du cylindre et se dirige soit dans la cheminée, soit dans le condenseur si la machine est pourvue de cet organe.

Le chemin rectiligne que le piston peut décrire dans le cylindre constitue sa *course*. C'est de la course, du diamètre et de la vitesse du piston et de de la pression la vapeur par unité de surface que dépend la force de la machine.

Les organes distributeurs servent à introduire la vapeur venue de la chaudière, alternativement sur les deux faces du piston et à lui donner issue après qu'elle a produit son effet. Le plus ordinairement, le distributeur comprend : 1° un coffre clos, accolé au cylindre, et dont le côté commun à celui-ci est dressé en forme de *table,* où sont deux ouvertures dites *lumières.* Elles communiquent chacune avec l'intérieur du cylindre et à son extrémité ; ce sont les conduits de vapeur. Une autre lumière donne issue à la vapeur émise après son action ; 2° une pièce dite *tiroir* se promène sur la table et masque tour à tour les lumières, de telle sorte que quand l'une est découverte et admet la vapeur au cylindre, l'autre lumière donne issue *par le dessous* du tiroir à la vapeur qui doit s'échapper hors du cylindre après avoir refoulé le piston ; 3° un *excentrique* imprime au tiroir le mouvement de va-et-vient, par l'intermédiaire d'une *barre* de communication ; 4° il existe quelquefois d'autres organes accessoires, tels qu'une *coulisse* et ses tringles de suspension, un second excentrique et un levier ou manette pour mettre l'un ou l'autre excentrique en commande avec le tiroir, c'est ce qu'on nomme une distribution par *coulisse Stéphenson;* il y a aussi quelquefois à sa place un second tiroir superposé au premier pour produire la détente.

La détente est un moyen d'interrompre l'admission de la vapeur dans le cylindre, avant que le piston ne soit arrivé à l'extrémité de sa course. La vapeur continue alors à le chasser par son expansion naturelle en se *détendant* comme un ressort bandé que rien n'arrête plus. La détente contribue plus

que tout autre moyen aux conditions économiques
de la machine ; le moyen de l'opérer, et les lois générales de la distribution constituent la théorie la
plus difficile comme la plus importante des machines
à vapeur. (Voir les traités spéciaux.)

Les organes de communication qui transforment
en action motrice, ordinairement circulaire, le mouvement alternatif et rectiligne du piston dans son
cylindre, sont très-variés dans leur forme et leur
agencement, souvent, il faut le dire, sans raisons
essentielles. Cette partie de machine à vapeur est
extérieure et facile à étudier sur place. C'est pourquoi nous n'y insistons pas.

Les organes de réglementation du mouvement sont :
1° Le *volant*, grande roue pesante qui résiste aux
accélérations de vitesse par sa masse et entraîne à
son tour, par sa vitesse acquise, la machine quand
elle ralentit, en même temps qu'il force la manivelle
de l'arbre moteur à franchir le *point mort* ; 2° Le
modérateur proprement dit, dans lequel deux boules,
tournant autour d'un axe, doivent à l'action de la
force centrifuge un moyen d'ouvrir et fermer, dans
les variations de vitesse, l'orifice d'introduction de
vapeur ; 3° le *régulateur*, ainsi nommé dans les locomotives, est un obturateur qu'on manœuvre à la
main, à l'aide d'un levier à poignée, pour interrompre, ouvrir, augmenter ou restreindre la communication entre la chaudière et la boîte à tiroir.

C'est par le régulateur qu'on met la machine en marche ou qu'on l'arrête; qu'on ralentit la vitesse ou qu'on l'augmente. C'est un instrument qu'il ne faut pas manier avec brusquerie. L'ouverture du régulateur doit toujours être progressive, et c'est pour cela que des constructeurs le mettent en jeu à l'aide d'une vis au lieu d'un levier.

Les organes de condensation n'existent que dans les machines où on veut profiter de la vapeur jusqu'à l'extrême limite de sa puissance expansive avant de la faire échapper hors du cylindre. Dans le cas contraire, on dirige le jet de vapeur dans l'air, en passant par la cheminée ou non; alors, l'air opposant une résistance à la sortie de la vapeur, il faut que celle-ci dépasse la pression atmosphérique, et par conséquent elle possède encore à sa sortie du cylindre une grande puissance d'expansion. Dans les machines à condensation, au contraire, on dirige le jet de vapeur dans un vase fermé dit *bâche de condensation* ou *condenseur*, on y projette en même temps un jet d'eau froide; la vapeur quitte aussitôt son état gazeux et redevient liquide, n'occupant plus alors qu'un volume relativement très-réduit. On retire cette eau du condenseur à l'aide d'une *pompe* puissante mue par la machine; le *vide* est ainsi entretenu dans le condenseur, et comme pour entrer dans ce vase, dépourvue à peu près de pression, la vapeur n'a besoin de posséder elle-même qu'une très-faible tension, on peut ainsi plus complétement utiliser sa puissance expansive.

On voit donc que pour une pression de 5 atmosphères dans la chaudière, on jouira, au cylindre, d'une vapeur ayant une pareille pression de 5 atmosphère (en théorie du moins, car en pratique il y a toujours une perte pour diverses causes), si on condense, c'est-à-dire, si on en projette la vapeur dans le vide à sa sortie du cylindre; tandis que si on la projette dans l'air, la pression motrice sera réduite de la pression atmosphérique opposée, c'est-à-dire restreinte à 4 atmosphères. La vapeur étant moins utilisée, il faudra en produire davantage pour accomplir le travail voulu, dépenser davantage de combustible pour créer ce surcroît de vapeur et agrandir en même temps le piston, puisque chaque unité de surface est pressée avec un moindre effort. Les machines à condensation sont donc beaucoup plus économiques au point de vue de la consommation du combustible, mais nous avons dit qu'il leur faut une quantité d'eau froide et limpide d'environ 500 litres par cheval et par heure, et qu'il fallait ajouter à la machine un condenseur, une pompe à air pour faire le vide, un injecteur d'eau, plus les tubes de conduite, les clapets de pompe, etc.

Ajoutons que ces organes demandent autant de soin dans la conduite que dans leur construction, qu'ils augmentent les frais primitifs et d'entretien,

et que malgré leur *résultats économiques évidents,*
il est beaucoup de cas où il faut s'en passer même
dans l'industrie manufacturière.

L'appareil alimentaire puise de l'eau dans un réservoir et l'envoie dans la chaudière pour remplacer
celle qui en sort à l'état de vapeur. Son organe ca-
pital est une pompe aspirante et foulante qui reçoit
son mouvement de la machine ; on peut facilement
l'étudier, ainsi que ses clapets et ses orifices de prise.
Aussi est-ce seulement à la conduite de l'alimentation elle-même que nous allons nous appliquer.

Dans l'intérieur de la chaudière le niveau d'eau
doit couvrir toute la surface de chauffe et la dépasser
d'environ 10 centimèt. Dès que la surface de chauffe
est découverte, on est en danger ; et il faut que
le conducteur sache bien que l'explosion qui le me-
nace alors sera terrible. Voici, en effet, ce qui se
produit : le métal mis à sec rougit ; si l'eau revient
sur ce métal rouge, il s'y forme instantanément une
énorme masse de vapeur, et la chaudière est, par
contre-coup, brisée en éclats qui foudroient tout
autour à une grande distance.

Ces désastres sont faciles à éviter : d'abord
en apportant la plus grande attention à main-
tenir le niveau d'eau à son degré normal,
lequel est ordinairement indiqué par une ligne
tracée *ad hoc* sur les appareils indicateurs, dont
toute chaudière est munie, d'après les prescriptions

de l'autorité. Mais si, par une cause quelconque, il arrive que le niveau d'eau descende, de manière qu'il y ait crainte que la surface de chauffe ne soit mise à sec, *il faut bien se garder d'alimenter ; fermez au contraire la pompe, éteignez promptement le feu.* Lorsque la chaudière est ensuite notablement refroidie, faites-y rentrer l'eau au niveau voulu, et rétablissez le feu comme au début du service, après avoir visité la chaudière.

Il importe, en second lieu, de savoir que l'introduction de l'eau dans la chaudière, y cause toujours un refroidissement sensible et une diminution correspondante dans la production de la vapeur ; de là plusieurs conséquences qui sont autant de lois pour l'alimentation des chaudières :

1° Autant que possible évitez de faire coïncider l'alimentation avec la charge du foyer : ces deux opérations, refroidissant toutes deux les chaudières, pratiquez-les tour à tour, à quantités et à intervalles à peu près égaux ;

2° Ne pratiquez l'une ou l'autre de ces opérations que lorsque le foyer est en pleine incandescence et la chaudière en pleine pression, sinon la charge du foyer ou l'alimentation achèverait de donner *le coup de grâce* à la chaudière ;

3° Il est très-avantageux d'alimenter avec de l'eau chauffée à 50 degrés au plus, si on peut le faire à l'aide d'appareils simples et d'un très-facile usage. Quand la machine est à condensation, on emploie, pour alimenter, l'eau rejetée par la pompe à air qui est naturellement chaude.

Quand on n'a pas cette ressource, on fait la provision d'eau dans un réservoir près de la chaudière. On a employé divers moyens de la chauffer soit en y déchargeant un jet de vapeur emprunté à la chaudière même, comme sur les locomotives, soit en y faisant décharger la vapeur sortant du cylindre, et qui n'est pas nécessaire pour faire tirer la cheminée, soit en faisant circuler à la base de la cheminée le conduit qui porte l'eau à la chaudière, etc. Tous ces moyens, excellents en principe, ne doivent cependant être adoptés dans la pratique que lorsqu'ils sont d'un usage *très-facile*.

Lorsqu'on fait jouer la pompe alimentaire, comme lorsqu'on charge le foyer, il y a, dans les premiers instants, un abaissement notable du niveau d'eau et de la pression de la vapeur. Un conducteur novice s'en inquiète; il croit qu'il va manquer de pression ou que son niveau d'eau est trop déprimé. C'est précisément le résultat du refroidissement qui accompagne l'introduction de combustible ou d'eau, dont la température est relativement basse. Mais cet état ne dure pas; et si on se hâtait de pousser le feu ou l'alimentation, bientôt il y aurait un excès préjudiciable. C'est au bruit des clapets qui retombent sur leurs siéges, à intervalles égaux, qu'on reconnaît si l'alimentation se fait bien; de même qu'il faut se tranquilliser sur l'incandescence prochaine du combustible qu'on vient de changer dès qu'il petille, et que la fumée et un commencement de flammes se montrent.

L'eau servant à l'alimentation doit être limpide, exempte de boue, détritus et cailloux; dépourvue surtout de principes minéraux acides. Les eaux de source, ordinairement si vives et si transparentes, sont bien souvent chargées de sels en dissolution, qui donnent, dans les chaudières, d'abondantes masses pierreuses, nommées *tartre*, qu'il faut enlever souvent, car elles sont très-nuisibles; l'eau de pluie est la meilleure à employer dans les machines; celle des rivières est souvent boueuse, mais exempte de sels et principes acides en proportions abondantes. Ce qui est très-important, c'est que l'eau, entraînée dans la pompe, n'emporte avec elle aucun objet de nature à gêner la marche des clapets; non-seulement le bout du tuyau de prise qui plonge dans le réservoir doit être muni d'une *crépine* à mailles serrées, ou d'une pomme d'arrosoir à très-petits trous, mais on devrait munir l'orifice du réservoir où l'on jette l'eau d'un panier métallique ou d'osier, comme celui qu'on emploie sur les tenders des locomotives ou les pompes à incendie.

Les règlements administratifs prescrivent d'adapter aux chaudières divers indicateurs ; il faut les consulter à tout moment, vérifier leurs indications les unes par les autres, et les entretenir avec le plus grand soin, en état de service, en se rappelant que, si une machine à vapeur est *un instrument meurtrier* comme une poudrière , lorsqu'elle est *dirigée avec négligence,* il suffit, au contraire, de *précautions très-simples pour lui ôter tout danger.*

V

OBSERVATIONS GÉNÉRALES SUR L'INSTALLATION
DES MACHINES A VAPEUR RURALES.

Nous avons fait, relativement aux machines rurales en général, des observations qui, toutes, intéressent les machines à vapeur dont se servent les exploitations agricoles. Quelques-unes demandent cependant quelques nouveaux développements :

1° En ce qui touche la sécurité, nous avons déjà dit qu'il suffisait de quelques soins attentifs pour ôter tout danger à des machines à vapeur, même assez médiocres. Nous rappellerons qu'il faut :
1° éviter l'emploi de la fonte dans la construction des chaudières, et n'y employer que de bonnes tôles exemptes de pailles, criques, cassures et fuites ;

2° assurer le libre jeu des soupapes de sûreté et de tout indicateur ; 3° entretenir la propreté intérieure de la chaudière et du cylindre par de fréquents nettoyages ; 4° ne pas employer d'eau acide dans l'alimentation ; 5° ne jamais forcer la puissance normale de la machine ; 6° éviter les manœuvres brutales dans la conduite ; 7° n'alimenter la chaudière que si on a la certitude que le niveau d'eau soit à son degré normal.

Afin de prévenir les dangers d'un vicieux établissement ou d'une direction imprudente, la loi a prescrit qu'aucune machine à vapeur ne peut être installée et mise en service sans une permission de l'autorité administrative, qui, en outre, exerce sur elle une surveillance continue. Les personnes intéressées à vulgariser l'emploi de la vapeur dans l'industrie agricole ne doivent voir, dans ces prescriptions de la loi, qu'un motif d'intérêt public. Les cultivateurs doivent être les premiers à invoquer le secours des ingénieurs chargés par l'autorité de surveiller les machines à vapeur ; la loi a voulu que chacun puisse requérir d'eux les épreuves dès qu'on a *des doutes* sur la solidité. Il suffit de leur écrire par lettre affranchie.

Lorsqu'on veut établir une machine à vapeur, on en fait la demande au sous-préfet, par une simple lettre qu'on lui adresse, soit directement, soit par l'intermédiaire du maire de la commune. (Voir à la fin un modèle de lettre.) La demande suit une instruction déterminée, et l'autorisation est accompagnée des *mesures* et *instructions* que l'autorité croit nécessaires pour la prudence.

Malgré les prescriptions de la loi et l'intérêt de l'administration pour tout ce qui tient à l'agriculture, les machines à vapeur rurales, surtout les locomobiles, échappent encore beaucoup à son contrôle.

Nous avons pris la liberté de proposer, dans notre *Traité des machines à vapeur*, quelques mesures réglementaires qui nous paraissent offrir des garanties nouvelles. Nous ne pouvons les répéter ici.

Nous appellerons aussi l'attention, non-seulement sur les mesures préventives d'explosion, mais encore sur celles qui ont pour objet d'éviter les incendies.

Trois mesures principales doivent être prises pour cet objet : 1° que le tirage de la cheminée ne soit pas trop violent ; 2° que la cheminée soit toujours munie, pour arrêter la projection des escarbilles, du treillage dont nous avons parlé ci-dessus, ou bien du chapeau ou du pavillon indiqué dans notre *Traité* ; 3° que le cendrier soit profond, fermé par côté et creusé dans le fond en cuvette, qu'on remplit d'eau pour éteindre les escarbilles.

La *simplicité* de formes et d'agencements a été recommandée dans toutes machines rurales. Nous la demandons pour les appareils à vapeur même avant l'économie de consommation. Que pour ce

dernier objet rien ne soit négligé dans la bonne
construction, la proportion respective des organes,
les soins du conducteur, à la bonne heure ; mais si
l'économie ne s'obtient qu'à l'aide d'appareils addi-
tionnels qui compliquent, c'est un embarras, une
source de frottement, d'usure, de réparation, de
chômage, qui peuvent compenser, et au delà, l'économie proposée. C'est pour cela que nous avons été
si réservé à recommander la détente et le chauffage
de l'eau alimentaire. Si l'on y a recours à l'aide de
moyens très-simples, on a raison ; mais si l'on n'y
parvient qu'avec des complications, l'économie est
trompeuse.

Un des moyens les plus recommandés pour éco-
nomiser la vapeur est d'*envelopper* les chaudières,
cylindres et conduits où elle passe. La meilleure cou-
verture consiste en douves de bois blanc épaisses de
2 centimètres, recouvertes d'une enveloppe de tôle
mince unie. On emploie même souvent, pour les
locomotives, sans douves de bois, une simple tôle
supportée par des cercles de fer laissant entre elle
et la chaudière une couche d'air de 2 centimètres
d'épaisseur. Les cercles de fer sont munis de saillies
intérieures, de sorte qu'il est inutile de les faire
porter sur des tasseaux vissés dans la chaudière.
Les dernières locomotives de M. Cail, constructeur
à Paris, peuvent fournir un excellent type d'enveloppe. Quant aux couvertures de feutre, elles four-

nissent une très-vicieuse enveloppe; non-seulement elles peuvent prendre feu comme les douves de bois, mais la pluie ou les fuites de la chaudière les imbibent d'eau pour longtemps; et cette humidité prolongée devient, pour les tôles de la chaudière, une cause d'oxydation rapide et profonde.

VI

CONDUITE DES MACHINES A VAPEUR.

A rigoureusement parler la conduite de la machine à vapeur se borne aux opérations suivantes :

1° Chauffage du foyer; 2° alimentation de la chaudière ; 3° graissage des parties frottantes; 4° mise en marche; 5° arrêt; 6° ralentissement; 7° accroissement de vitesse. Quand les appareils moteurs sont mis en mouvement et ne sont pas à demeure fixe, il faut ajouter l'installation préalable à ces sept articles de la conduite. Nous croyons avoir suffisamment parlé du chauffage et de l'alimentation page 43 et 53 ; nous nous bornerons donc à ajouter qu'il faut toujours un temps plus ou moins long pour que la machine soit chauffée et amenée à la pression voulue. (Deux heures et plus si elle est tout à fait froide; une demi-heure à peine si elle a fonctionné depuis peu.)

Pour poser et installer une machine locomobile à vapeur ou autre, il faut d'abord la mettre *bien d'aplomb* (Voy. p. 75) sur un *sol dur* qui ne cède pas sous son poids. On tend ensuite la courroie de transmission de mouvement, en éloignant les deux machines jusqu'à ce que la tension convenable soit atteinte, et on cale solidement toutes les roues. On fait tourner doucement la machine à vapeur pour essayer si tout est en état, et l'on peut, dans ce cas, se mettre en marche, mais avec peu de force d'abord et en augmentant la vitesse par degrés successifs et faibles. La même règle s'applique en général à toutes les machines et outils, notamment aux manéges.

Le *graissage* des articulations doit précéder toute mise en marche. On graisse à l'huile ou au suif en versant la matière dans des godets ou des petits trous fraisés nommés œil, à ce destinés par le constructeur. Il faut entretenir avec soin le graissage, sinon les pièces frottantes s'échauffent, se corrodent et l'on s'expose à des accidents. (Voy. p. 91.)

Pour mettre en marche, arrêter, ralentir ou augmenter la vitesse, il y a deux appareils au plus dans les appareils perfectionnés : l'un ouvre ou ferme la communication entre la chaudière et le cylindre où se meut le piston moteur, on le nomme *régulateur*, *robinet* ou *valve d'admission*. L'autre sert à prolonger plus ou moins l'admission de la vapeur dans le cylindre ; on l'appelle *organe de détente*, ou d'un autre nom analogue.

Si la machine est à condensation, il y a en outre un *robinet d'eau d'injection* à manœuvrer. En général, tout constructeur transmet à celui qui achète une machine les instructions pour la manœuvrer, car il y a souvent de grandes différences de formes entre les organes de conduite ; mais une observation relative à tous, est qu'il ne faut jamais les manier avec brusquerie. Prenant le cas des appareils perfectionnés à détente et à condensation, nous résumerons ainsi les manœuvres :

1° *Pour mettre en marche* il faut ouvrir le régulateur, puis le robinet d'injection quelques secondes après ;

2° *Pour arrêter* on ferme successivement le régulateur et le robinet d'injection ;

3° *Pour modifier* la vitesse on prolonge l'admission au cylindre, ou on la réduit, en agissant sur l'organe de détente ; on augmente, de même, ou on diminue l'envoi de l'eau d'injection au condenseur.

S'il n'y a pas d'organe de détente, ou si celui-ci ne suffit pas pour régler la vitesse au degré voulu, on agit sur le régulateur dont on augmente ou dont on restreint à volonté l'ouverture. Ainsi, dans les machines sans condensation et sans détente variable, on voit que tout se fait bien aisément par le seul régulateur.

Il y a enfin un autre appareil que doit souvent faire manœuvrer le conducteur surtout au moment de la mise en marche, c'est le *purgeur*, robinet placé en général sous le cylindre pour faire évacuer l'eau qui a pu s'y amasser et gêner le mouvement du piston. Cette purge est très-importante, il faut l'opérer à toutes les mises en marche et chaque fois que l'eau paraît accumulée dans le cylindre, ce dont on est averti par un clapotement intérieur dans le cylindre, et par une émission d'eau hors de la cheminée dans certains systèmes. Faute de purger à temps, on s'expose à casser le cylindre.

Ces principes sur la conduite sont bien sommaires, mais ils suffiront cependant jusqu'à ce que le propriétaire ou le mécanicien conducteur aient pu acquérir sur ce point le degré d'instruction complète qu'ils peuvent puiser dans les traités proprement dits. Nous ne saurions trop le leur conseiller, car, indépendamment de l'intérêt de cette étude, elle permet de tirer un bien meilleur parti des appareils.

VII

CONDUITE EN CAS D'ACCIDENTS AUX MACHINES A VAPEUR OU AUTRES.

Nous ne pouvons dans ce Traité abrégé qu'indiquer la marche à suivre dans les principaux accidents.

En général, dès qu'on a du doute sur la solidité d'une machine, quand sa marche est difficile et capricieuse, quand il y a longtemps qu'elle travaille, lorsqu'elle fait entendre des bruits ou éprouve des secousses inaccoutumés, si enfin des pièces importantes sont notablement réduites par l'usure, hâtez-vous d'appeler l'homme de l'art, c'est-à-dire le mécanicien et même l'ingénieur si la machine a une certaine importance, et ne vous chargez de remettre les choses en état que si vous êtes vous-même *bien au courant* du travail à effectuer.

Nous avons indiqué ci-dessus ce qu'il y avait à faire lors de certains accidents spéciaux, tels que les fuites de chaudière à vapeur, manque d'eau ou de vapeur, pages 46, 36 ; il nous reste à parler de quelques accidents généraux.

Claquement des articulations. Quand les pièces usées par le frottement n'ont plus leur épaisseur primitive, il y a entre elles trop de *jeu;* alors elles frappent l'une contre l'autre en faisant entendre des claquements. Il n'y a lieu de suspendre le service de la machine que s'ils sont violents. Mais il importe de rétablir le plus prochainement possible toutes choses en état, car le mal empire rapidement et peut ne pas tarder à causer des ruptures.

Les moyens de serrage usités dans les manufactures et sur les chemins de fer sous l'œil des ingénieurs, sont ordinairement négligés dans les machines rurales, où la simplicité et le bon marché sont si essentiels. Si on ne peut pas détruire le jeu des pièces soi-même en interposant des cales ou épaisseurs rapportées, il faut appeler un mécanicien. En principe les pièces doivent *se toucher*, mais *jouer très-librement.* Les pièces qui peuvent être exposées à une température élevée, comme celles qui touchent la vapeur, doivent avoir un peu plus de jeu que les pièces qui restent froides, parce que la chaleur les dilate, c'est-à-dire les gonfle en tous sens.

Les ruptures de pièces exigent un arrêt immédiat dès que ce sont des pièces d'une certaine importance et dès qu'elles commencent à s'annoncer par la plus légère fissure. Une seule pièce rompue peut devenir le principe d'une désorganisation complète de l'appareil. La réparation ne doit être confiée qu'à des ouvriers experts et intelligents.

Les pièces qui chauffent par excès de frottement doivent être de suite et sans retard rafraîchies avec de l'*eau froide* et *non autrement* ; puis on démonte les pièces, on les nettoie, on les rapproche en s'assurant qu'elles ne sont pas trop serrées et que cependant elles ne claquent pas par trop de jeu ; s'il y a eu *grippement*, c'est-à-dire si les pièces sont rayées et entamées, on passe une lime douce, on essuie avec soin, on remonte, puis on graisse et on remet en marche.

Quand la machine ralentit, cela peut provenir de deux causes principales :

1° Le travail à fournir vient d'augmenter : dans ce cas, gardez-vous bien de forcer la machine, si elle travaille déjà à peu près avec sa puissance normale, car vous casseriez tout ; c'est au contraire le travail qu'il faut restreindre. Cette observation s'applique à toute machine en général.

2° La machine motrice n'a pas assez de vapeur. Dans ce cas, recherchez d'abord si tout est en état : si c'est par l'inactivité du feu ou une alimentation intempestive que la chaudière manque de vapeur, arrêtez quelques minutes ; bientôt la vapeur qui ne se dépense plus, reprendra sa pression ; le feu repartira, la vaporisation redeviendra active et vous remettrez en marche. Il y a un cas où la machine peut ralentir et qui annonce un grand danger : si par négligence ou avarie la chaudière est à peu près à sec,

comme sans eau il n'y a plus de vapeur, il est na-
turel que la machine semble épuisée. Mais gardez-
vous bien d'alimenter, vous produiriez l'épouvanta-
ble explosion dont il est parlé à la page 25. Il n'y a
rien à faire qu'à jeter le feu, à se retirer et à laisser
refroidir.

Si la machine s'emporte d'une vitesse exagérée,
soit par la cessation du travail, soit par suite d'une
rupture d'organe, portez vite les mains au levier
d'introduction de vapeur, fermez-le en tout ou en
partie, suivant les besoins.

Si la machine ne démarre pas, quoique le régulateur soit ouvert et qu'il y ait une pression suffisante
dans la chaudière, il importe de faire grande attention, sous peine de briser la machine. Voyez d'abord
si la manivelle de l'arbre moteur est bien placée :
il faut qu'elle fasse un certain angle avec l'axe du
cylindre, si au contraire elle se confond avec cet
axe, en sorte que le piston soit à *fond de course*,
fermez promptement le régulateur, agissez à bras
sur le volant, afin de placer convenablement la manivelle; ouvrez alors légèrement l'admission de la
vapeur. Si la machine refuse encore de démarrer,
il faut, après avoir de nouveau fermé le régulateur,
s'assurer s'il n'y a pas dans le mécanisme une obturation produite par la présence d'un corps étranger, ou si l'effort à vaincre ne dépasse pas la puissance de la machine.

Explosion de chaudière à vapeur. Lorsque les faits qui peuvent lui donner lieu sont accomplis, il n'est plus temps d'en prévenir les conséquences, il n'y a plus qu'à donner l'avis de *sauve qui peut*. Quand la catastrophe est consommée, on donne les secours les plus pressés, on prévient l'incendie, mais il est défendu de toucher la machine avant que l'autorité administrative, qu'on doit appeler, en ait donné la permission, afin qu'on fasse les enquêtes nécessaires. Nous avons déjà dit qu'il suffisait de précautions très-ordinaires dans l'établissement et dans la conduite, pour prévenir ces terribles accidents.'

TROISIÈME PARTIE.

RENSEIGNEMENTS DIVERS.

I

DE QUELQUES MESURES GÉNÉRALES A PRENDRE DANS L'INSTALLATION ET LA CONDUITE DES MACHINES LOCOMOBILES A VAPEUR OU AUTRES.

Il nous reste à signaler l'opportunité de quelques mesures spécialement relatives aux machines locomobiles, et auxquelles l'étude des derniers concours régionaux donne occasion, savoir : 1° la faculté de traction; 2° l'abritement; 3° l'installation rapide.

1° *Faculté de traction.* Il est dans les conditions des machines rurales de voyager fréquemment sur de mauvaises routes. Or, tandis que les moindres véhicules de ferme ont des roues d'au moins 1 mètre, on a remarqué, à nos plus brillants concours agricoles, des machines très-pesantes portées sur des roues qui avaient à peine $0^m 50$ de diamètre. Il importe de se rappeler que la résistance d'un véhicule à la traction croît en raison inverse du diamètre des roues[1] et par conséquent un des perfectionnements les plus essentiels que devront nous offrir les prochains concours, sera l'agrandissement des roues et l'amélioration de tout le mécanisme de traction qui, surtout dans les appareils français, ne témoigne parfois pas assez d'étude.

2° *L'abritement* des machines locomobiles, qui fonctionnent souvent en plein air malgré la pluie, est devenu un besoin; on trouve chez le cultivateur une grande répugnance à laisser entrer les machines dans les bâtiments généralement encombrés. Cette répugnance est presque invincible lorsqu'il s'agit des machines à vapeur à cause de la chaleur répandue, de la fumée, du sifflement de la vapeur et de la crainte du feu.

Pour abriter les machines établies au dehors en plein air, les expositions ont offert trois moyens ou solutions.

M. Tuxford, habile constructeur anglais, a, dès l'origine, enfermé le mécanisme de ses locomobiles à vapeur dans un coffre fermant à clef, de sorte qu'en marche comme au repos, le mécanisme est à

---

1. Voir les expériences du général Morin dans son *Traité de mécanique* et son *Aide-Mémoire*.

l'abri des injures du temps et de la main malfaisante de ceux qui trop souvent se plaisent à détruire. Le mécanisme étant ainsi d'un plus difficile abord, le système Tuxford n'a eu que de rares imitateurs. Aujourd'hui, on paraît demander que toutes les parties délicates des machines rurales soient, à son exemple, enfermées et loin des atteintes destructrices.

M. Cumming (d'Orléans) place au-dessus de ses machines, sur des supports très-légers et très-portatifs, une bâche en toile goudronnée pendante jusqu'à terre à volonté, pour protéger à la fois la machine et les ouvriers ; mais pendant le service seulement. Cet abri peut être concilié utilement avec l'usage d'enfermer les parties de la machine les plus exposées suivant le système Tuxford.

M. le Mis *de Selve* avait exposé au concours agricole de Versailles des locomobiles qui, au lieu d'être montées directement sur un train de roues, comme à l'ordinaire, étaient installées dans l'intérieur d'une voiture de la forme connue sous le nom de *tapissière*, couverte par un ciel fixe et fermée latéralement par des rideaux goudronnés, les mécaniciens et servants sont couverts ainsi que toute la machine qui se trouve en même temps préservée des atteintes malveillantes. L'auteur s'est en outre proposé un autre problème sur lequel nous allons revenir.

Quant aux trois systèmes d'abritage qui viennent d'être mentionnés, il suffit de les indiquer en rappelant aux constructeurs et entrepreneurs que cet abri est demandé généralement aujourd'hui dans les campagnes et même dans les chantiers de travaux publics.

L'installation rapide et facile des machines locomobiles rencontre, surtout dans les fermes, d'assez fréquentes difficultés. Il faut : 1° que la machine et son moteur soient à demeure fixe dans une position voulue, sans tremblement ni vibrations ; 2° que la courroie de commande (souvent très-longue), soit exactement dans le plan des deux poulies réunies, et que sa tension soit uniforme, sinon la courroie tombe ou se casse. Or, de lourds appareils à quatre roues ne se manient pas très-facilement sur des terrains inégaux et compressibles. Les récentes expositions publiques ont offert deux moyens d'installer plus rapidement les machines rurales qui, bien que particuliers à des machines à vapeur, peuvent cependant devenir d'une application générale.

En 1855 et 1856, *M. Cumming* (d'Orléans), et Nepveu (de Paris), avaient exposé des machines à vapeur locomobiles, à la vérité de petite force, portées sur une seule paire de grandes roues. Celles-ci forment comme un pivot autour duquel il est facile de donner au véhicule la position voulue ; mais on ne peut nier que les roues sont bien chargées dès

que la machine arrive à une certaine force; le rele-
vage est en outre difficile en cas de renversement
par bris d'essieu ou défoncement de route; néanmoins, on n'a peut-être pas assez éprouvé ce sup-
port sur deux roues avec addition de chevalets pour
caler de l'avant et de l'arrière comme tout véhicule
porté sur deux roues.

M. de Selve, dont il a été parlé ci-dessus, en pla-
çant sa machine à vapeur locomobile sur un chariot,
s'est proposé, comme but principal, d'en rendre le
règlement de position indépendant du train de rou-
lement. La voiture étant à peu près en face de l'appareil à mouvoir, on cale les roues pour la mettre
de niveau; et voici comment on achève de placer le
moteur dans la position exacte voulue; une de ses
extrémités (le foyer) est montée sur une cheville
ouvrière, l'avant décrit son arc sur une glissière, à
droite ou à gauche au moyen d'une vis de rappel;
jusqu'à ce que les poulies de la courroie motrice se
correspondent; puis avec de forts boulons munis
d'écrous à oreilles, on fixe à demeure la machine.
Nous recommandons ce système aux constructeurs;
il y a là peut-être un principe utile pour toute machine rurale locomobile comme pour les machines
à vapeur.

II

DES CONDUCTEURS DE MACHINES RURALES A VAPEUR ET AUTRES.

La conduite raisonnée, et pour ainsi dire savante, d'une machine, n'est rien moins qu'un art à la seule portée des ouvriers d'élite. Mais avec un peu de routine et d'adresse, un homme d'intelligence ordinaire peut arriver à en tirer un résultat très-favorable, suffisant pour la pratique courante des travaux de campagne.

Néanmoins, les machines ne peuvent être confiées au premier venu ; leur conduite demande quelques qualités : d'abord la sobriété ; au premier doute sur un état d'ivresse, il faut ôter au mécanicien sa direction jusqu'à ce qu'il redevienne parfaitement maître de lui. Il faut, en second lieu, qu'il soit un de ces hommes naturellement calmes. attentifs et soigneux ; il faut enfin qu'il soit doué de sang-froid, et que, libre de tous ses sens, son attention soit facilement éveillée par les circonstances anormales qui se peuvent produire. Doué du sens de l'odorat, il reconnaîtra de suite les pièces frottantes qui chauffent, aux émanations de l'huile brûlée ; doué de ce qu'on nomme le coup d'œil, il s'apercevra des dérangements et des défauts d'installation des organes avant que de graves désordres se produisent ; doué du sens de l'ouïe, les claquements anormaux l'avertiront des désorganisations qui commencent, et qu'il préviendra à temps. Enfin, habile de ses mains, il conduira sa machine avec dextérité et sans brusquerie. Or, par cette délicatesse et ses soins continus, on peut décupler peut-être la durée de service d'une machine.

Dans le *Traité complet*, que nous avons publié, sur la conduite et la direction des machines à vapeur, nous avons dit où l'on pourrait trouver de bons mécaniciens, capables, non-seulement de diriger, mais aussi d'entretenir et réparer les machines à vapeur ; nous le résumerons ici : Il commence à se trouver, particulièrement en France, un nombre assez notable de vieux mécaniciens de chemins de fer et de bateaux à vapeur qui, n'ayant pas eu assez d'instruction pour parvenir à des emplois supérieurs et ne pouvant plus supporter le rude métier de leurs jeunes années, sont presque sans emploi, ne vivant que de la petite rente qu'ils reçoivent de la caisse mutuelle de prévoyance où ils sont inscrits, et qui, cependant, peuvent encore travailler dans une assez large mesure.

Ce sont ces hommes-là qu'il serait précieux d'attirer dans les campagnes pour conduire, diriger et réparer les machines agricoles, depuis la machine à vapeur jusqu'à la charrue. Dans toute exploitation de ferme un peu complète, il y a bien assez de matériel, aujourd'hui trop négligé, pour occuper un mécanicien auquel on ne donnerait pas assurément le traitement considérable qu'il avait sur une locomotive ou dans un bateau au temps de sa jeunesse, mais, même avec moins du tiers de ce traitement, joint à une vie tranquille et salubre à la campagne, combien d'honnêtes ouvriers seraient heureux, et prêts à quitter les villes où ils ne trouvent que l'ennui ou bien un trop rude et insuffisant travail !

Nous terminerons sur ce point par un conseil que nous croyons de nature à réaliser de grandes économies dans l'emploi des machines agricoles : Il est d'usage, sur les chemins de fer et dans les grandes compagnies maritimes, d'allouer à chaque mécanicien, chauffeur et autres, une certaine quantité donnée de combustible, matières à graisser, etc... Ces quantités doivent être taxées d'après ce qu'un employé de *capacité moyenne* peut dépenser dans les circonstances ordinaires du service. Les hommes soigneux et habiles, qui dépensent moins que l'allocation, reçoivent, à titre de récompense, le prix d'une portion de l'économie ; au contraire, les hommes négligents qui ne s'inquiètent pas de dépasser leur allocation, subissent une amende ou retenue sur leur paye. Mais pour que

ce système de rémunération ou de peine soit prati-
cable, il ne faut pas trop lésiner sur les allocations
et les faire même assez larges.

On donne, en outre, des primes ou amendes analogues pour la régularité du service, le bon entretien du matériel, la durée qui résulte de bons
soins, etc... On ne saurait croire quelle émulation,
que d'intelligence, que de perfectionnements de
tous genres, et quelle économie finale, ce système
a produits dans les entreprises de toutes sortes qui
l'ont essayé avec équité. La petite comptabilité qu'il
entraîne, et qu'on arrête chaque mois ou chaque tri-
mestre, n'est ni compliquée ni difficile, si on y joint
l'habitude de tout délivrer aux agents sur des bons
signés, et d'enfermer sous clef le reste des provi-
sions.

Nous ne doutons pas que cet appel des vétérans
de l'industrie à la campagne avec une rémunération suffisante, ne parvienne à populariser la
mécanique agricole. Pourquoi, même les adminis-
trations locales ne les encourageraient-elles pas, par
quelques primes?

Au commencement de ce travail, nous disions
que si tous les cultivateurs ne pouvaient pas posséder ces machines utiles, dont le prix est élevé et
le travail plus expéditif qu'il ne leur est nécessaire,
il pourrait y avoir des entrepreneurs promenant de
ferme en ferme les appareils locomobiles, moteurs,

batteurs, etc,... suivant les besoins de chacun. Ces entreprises deviennent d'une facilité toute pratique avec les mécaniciens dont nous parlons, soit qu'ils se contentent d'être employés par un propriétaire, soit qu'ils emploient leurs économies à se faire eux-mêmes entrepreneurs.

Cette difficulté d'avoir dans les campagnes un bon personnel de mécaniciens était peut-être le plus grand obstacle à la vulgarisation des procédés mécaniques en agriculture. Il nous semble que les révélations qui viennent d'être faites sur l'existence actuelle d'un excellent personnel disponible, lèvent ces difficultés ; et que l'on peut prévoir comme prochains les progrès dans lesquels il est urgent d'entrer, soit pour que nos exploitations rurales soutiennent la comparaison avec l'étranger, soit pour rabaisser, sans perte pour les cultivateurs, le prix des denrées alimentaires dont l'élévation est un objet d'inquiétude publique.

III

MODÈLES DE MARCHÉ POUR L'ACQUISITION D'UNE MACHINE.

Observation. Nous avons recommandé de n'acquérir une machine rurale qu'en s'attachant à spécifier ses conditions essentielles et avec une garantie de travail déterminée. C'est ainsi que stipulent les compagnies de chemins de fer, la marine et tous les chefs de grandes entreprises. Il faut spécifier les articles importants seulement, sans trop multiplier les détails; et il faut s'abstenir de ceux qui regardent les soins de construction, car il va de soi qu'une machine soit bien établie, et en détaillant à cet égard on ne fait que limiter la garantie. Voici deux modèles de contrat : l'un pour une machine à battre, l'autre pour une machine à vapeur. Ils peuvent facilement être imités pour tout autre appareil mécanique.

Nous voudrions ne pas avoir besoin de rappeler que lorsqu'on fait une affaire de ce genre, l'équité et la bonne foi doivent y présider comme première condition. Pourquoi faut-il que nous soyons forcé de dire que nous avons vu, souvent, les parties contractantes envelopper volontairement leurs obligations respectives dans une généralité de termes qui permit ouverture ultérieure à toutes les interprétations voulues! C'est là une détestable pratique, source de procès, principe de défiance mutuelle, nuisible à tous les intérêts. Loin d'agir ainsi, il faut au contraire préciser *très-nettement* et sans arrière-pensée, ce qu'on veut, ce qu'on donne, ce qu'on achète, ce qu'on vend. Ces observations qui s'appliquent à toutes les choses de la vie ont une importance spéciale lorsqu'il s'agit de ces machines appelées à révolutionner en quelque sorte le travail agricole.

MODÈLE POUR UNE MACHINE A BATTRE.

Entre les soussignés. . . . . il a été
convenu ce qui suit :

M. . . . . . . s'engage à fournir à M. . . . . . .
une machine à battre les grains, aux conditions suivantes :

1° *La machine* battra, au minimum en service courant,
. . . . gerbes de blé, du poids de . . . kilog. chacune,
avec l'aide de . . . hommes, et sous l'action d'une
machine à vapeur de la force effective de . . . . chevaux.

2° Le blé sera ensaché par l'appareil, vanné et nettoyé.

3° La livraison aura lieu à . . . . . le . . . . .
Le prix de l'appareil, avec tous les accessoires nécessaires à ce
service (et dont l'état est ci-annexé), sera de la somme de
. . . . . . francs, payable un tiers comptant, un tiers à
la livraison et l'autre tiers après l'expiration du délai de
garantie, et au plus tard trois mois après la livraison.

4° La machine sera locomobile, c'est-à-dire installée de manière à être facilement traînée par . . . . . chevaux sur
des routes départementales de niveau, en état ordinaire d'entretien.

5° Le fournisseur s'engage à garantir que la machine opé-
rera largement et couramment le travail indiqué à l'art. 1ᵉʳ, et
à subir une réduction d'un dixième du prix de la vente, si
la proportion du grain cassé excède le dixième de la quantité
totale[1]. Dans le cas où la machine accomplirait moins du cin-

---

1. Pour évaluer cette proportion, voici un des moyens qu'on
peut employer : recueillez un hectolitre du grain tombant de la
machine; brassez-le pour le mêler parfaitement; sur cette quantité
qui peut représenter la qualité moyenne, prenez, *sans choix*, environ 100 grammes dont il est facile de séparer les grains entiers
de ceux qui sont cassés, et de voir dans quelle proportion sont les
deux parties.

quième du travail stipulé ou si la proportion de grain cassé excède pareillement un cinquième. L'appareil pourra être refusé. Il est convenu en outre que l'essai aura lieu à . . . . . sur . . . . . . gerbes de blé, et que le fournisseur s'engage à réparer à ses frais les avaries résultant des vices de matière ou d'exécution, jusqu'à l'expiration du délai de garantie stipulé à l'art. 3.

6° L'enregistrement du présent traité sera à la charge de celle des parties qui y donnera lieu.

Fait double et de bonne foi entre les parties.

    Le

Signé :

Suit la liste des objets accessoires devant être livrés pour le service de la machine.

MODÈLE POUR UNE MACHINE A VAPEUR.

Entre les soussignés . . . . il a été convenu ce qui suit :

1° M. . . . . . . s'engage à fournir à M. . . . . . . une machine à vapeur complète avec son générateur et tous ses accessoires de service, le tout monté, et prêt à fonctionner en service courant.

Cette machine, sous la pression *absolue* de . . . . . atmosphères au manomètre et faisant . . . . tours par minute, devra fournir couramment une force *effective* de . . . chevaux-vapeur, en dépensant . . . . . kilog. de . . . (houille, bois. . .) . . . par cheval et par heure.

2° La machine sera du système . . . . (*indiquer ici si elle est à haute pression, avec ou sans détente, avec ou sans condensation, fixe ou locomobile. Dans ce dernier cas, insérer la clause 4 du précédent modèle de traité*).

3° La machine sera reçue après un essai de cinq heures, chez M. . . . . . . pour constater sa force effective par expérience directe au frein ou autre procédé adopté en industrie.

4° Le fournisseur s'engage à livrer la machine le . . . . à . . . . et à faire auprès de l'autorité administrative les démarches nécessaires pour que M. . . . . . soit autorisé à se servir de la machine à l'époque de la livraison.

5° La vente est faite pour le prix de . . . . . . francs, payable un tiers à la commande, un tiers à la livraison et l'autre tiers trois mois après sa mise en service pendant lequel temps le fournisseur s'engage à réparer toutes les avaries provenant d'un vice de matière ou de construction.

Clause 6, comme au traité précédent.

Fait double et de bonne foi
à . . . . , le . . . . . .

Signé :

Suit la nomenclature des agrès de service à livrer avec la machine.

IV

LISTE DES CONSTRUCTEURS SPÉCIAUX POUR LES MACHINES AGRICOLES.

La liste ci-après est donnée comme simple indication, sans aucune pensée d'exclusion ou de recommandation.

CONSTRUCTEURS FRANÇAIS.

CALLA, à la Chapelle-Saint-Denis, près Paris. — Machines à vapeur locomobiles et machines à fabriquer les drains.

CUMMING, à Orléans. — Machine à vapeur, à battre et autres.

DUVOIR, à Liancourt (Oise). — Machines à vapeur, à battre et autres.

FLAUD, à Paris, rue Jean-Goujon. — Machines à vapeur à mouvements très-rapides et très-peu spacieuses. — Pompes.

BRÉVAL, à Paris — Machines à vapeur locomobiles très-simples.

ROUFFET, à Paris. — Machines à vapeur.

CAIL, à Paris. — Machines locomobiles à vapeur perfectionnées.

THOMAS, LAURENS et PERIGNON, à Paris. — Machines locomobiles à vapeur avec chaudière perfectionnée.

GANNERON, à Paris, quai de Billy. — Entrepôt et location de toute espèce de machines agricoles.

COMPAGNIE DU MATÉRIEL AGRICOLE, à Paris, rue Lafayette. — Fourniture de tout engin agricole.

Renaud et Lotz, à Nantes. — Machines à vapeur, à battre, etc.

Lotz aîné, à Nantes. — Fourniture et location de machines à vapeur et de batteuses locomobiles à vapeur.

Pinet, à Abilly (Indre-et-Loire). — Machines diverses et manéges.

Roux, à Issoudun. — Machines diverses et manéges.

Arthius, à Château-Gontier. — Machines diverses et manéges.

Legendre, à Saint-Jean-d'Angély. — Machines diverses et manéges.

Crédit de l'Oise (Claudon et Cᵉ) à Liancourt. — Fourniture et location de machines agricoles diverses. Nombreuses succursales en France.

CONSTRUCTEURS ANGLAIS

AYANT DES CORRESPONDANTS EN FRANCE.

Ces constructeurs ont envoyé de nombreuses séries d'outils ou machines à la plupart de nos grands concours. Leurs produits ont acquis chez nous une sorte de naturalisation. Ces établissements fournissent à peu près toutes les machines agricoles connues, y compris les machines à vapeur.

Barrett Exall et Andrews, à Katesgroves-Works, près Reading (Berkshire).

Burrel, à Thetford (Norfolk).

Clayton-Shutleworth et Cᵉ, à Lincoln.

W. Dray, Swan-Lane, à Londres.

Garrett, à Saxmundham (Suffolk).

Hornsby, à Grantham (Lincolnshire).

Ransomes et Sims, à Ipswich (Suffolk).

Tuxford, à Boston (Lincolnshire).

V.

DES APPROVISIONNEMENTS.

Les principaux articles de consommation dont on est obligé de se pourvoir pour le service des machines sont les matières à graisser, à nettoyer, à garnir les joints et les combustibles. Nous nous sommes étendu longuement dans l'ouvrage cité à la page 28 sur les qualités que doivent réunir ces matières. Mais nous croyons utile d'énoncer ici les principales.

MATIÈRES A GRAISSER.

On graisse les articulations de la machine avec de l'huile ou du suif. Il faut que ces substances soient pures, exemptes de principes acides qui corroderaient les métaux ou de matières dures qui feraient gripper, c'est-à-dire rayer et chauffer les pièces frottantes en s'interposant entre elles.

L'huile à graisser les machines est spécialement connue dans le commerce pour cet usage. Une bonne huile à machine doit être onctueuse et peu siccative ; les huiles siccatives épaississent vite et se convertissent en cambouis. Les huiles dépourvues d'onctuosité se liquéfient comme de l'eau. Les huiles acides noircissent après un court frottement. L'acidité provient en général de ce que l'huile épurée à l'aide de l'acide sulfurique n'a pas été suffisamment dépouillée de cette substance étrangère.

Il faut éviter de laisser la provision d'huile exposée à l'air, à la gelée ou à la chaleur ; car alors elle rancit et perd sa qualité. Les huiles trop vieilles sont également d'un mauvais emploi.

L'huile, pour le service quotidien de la machine, se met dans une burette fermée, avec laquelle on graisse quand il est besoin.

Le suif ou la graisse, sont bons quand ils sont dépourvus d'acidité et de poussière ou de corps durs. On les conserve dans un vase de fer-blanc fermé.

MATIÈRES A NETTOYER.

Pour entretenir la propreté d'une machine, on l'essuie soit avec des chiffons de linge, souples et exempts de cette raideur qui caractérise les tissus neufs qui ont de l'apprêt, ou bien avec des déchets provenant des filatures et tissages. Il faut n'employer que les linges ou déchet de fil ou de coton. On peut, du reste, les lessiver indéfiniment à la potasse.

On enlève le cambouis à la raclette en évitant d'attaquer la peinture ou de rayer les pièces. Puis, on achève le nettoyage en frottant avec du chiffon ou déchet imbibé d'un mélange d'huile de lin et d'essence de térébenthine. On sait que ces substances se volatilisent ou s'altèrent lorsqu'elles sont indéfiniment exposées à l'air libre ; il faut les conserver dans des vases bien fermés.

Pour dérouiller les pièces polies en fer et en cuivre, on emploie le papier d'émeri (numéro moyen), imbibé de quelques gouttes d'huile. — Pour le cuivre, on se sert plutôt du tripoli.

Les *joints* des machines à vapeur ont besoin d'être garnis en mastic ou avec des tresses de chanvre. Le mastic se fait le plus ordinairement avec de la céruse et du minium (moitié pour chacune de ces substances), imbibé d'huile de lin et bien battus, jusqu'à ce que la pâte soit presque solide , on la conserve plusieurs jours dans l'eau ; les éléments de ce mastic sont très-vénéneux, même à respirer. Il faut les manipuler avec grande précaution. Quand on fait un joint , il faut que l'épaisseur du mastic soit uniforme sur la pièce, et qu'on lui laisse au moins une heure pour sécher.

Le chanvre, pour la garniture des presse-étoupes, doit être en longs brins et bien peigné, on en fait des tresses égales qu'on place régulièrement autour de la pièce à garnir, jusqu'en haut du presse-étoupes, dont on remet alors le chapeau bien droit.

On emploie quelquefois des pièces de caoutchouc préparées d'avance et prêtes à poser pour faire les garnitures. C'est beaucoup plus simple mais plus coûteux.

COMBUSTIBLES.

Pour le choix du combustible, voici les qualités qu'on devra chercher à lui reconnaître.

La houille doit être exempte de pierres (généralement faciles à distinguer, parce qu'elles sont plus ternes et plus lourdes que la houille). Exempte aussi de pyrite qui attaque le foyer de la chaudière en brûlant, et peut même donner lieu dans le magasin à des combustions spontanées (Voy. p. 41.)

La pyrite est un sulfure de fer en paillettes d'un beau jaune d'or, très-facile à reconnaître surtout dans les gros morceaux. La houille qu'on achète pour les machines est un mélange de gros et de menu, qu'on nomme *tout venant* dans le commerce. Les gros morceaux seuls, nommés Péra, sont beaucoup plus coûteux. C'est une dépense inutile.

Le bois doit être sec et avoir, s'il se peut, deux ans de coupe ; il doit être scié en morceaux de longueur égale, en rapport avec la longueur du foyer. (Voy. p. 44.)

La tourbe carbonisée et comprimée vaut mieux

que la tourbe naturelle; il faut faire attention si elle n'attaque pas la tôle des chaudières, car il faudrait alors absolument employer la tourbe carbonisée ou tout autre combustible, tel que le bois ou la houille.

Le coke est d'un emploi assez rare dans les campagnes, comme ce combustible ne fume pas sensiblement, on ne l'emploie ordinairement que lorsque la fumée de la houille soulève de vives plaintes de la part des voisins [1].

Le coke est un combustible dur à allumer, plus chaud que le bois et la tourbe, mais moins que la houille de bonne qualité; il peut contenir beaucoup d'eau, quelquefois même frauduleusement pour le faire payer plus cher. Il faut éviter aussi qu'il contienne des pierres dont l'aspect est tout différent de celui du coke.

Le coke de bonne qualité est en morceaux, non friable, dure, sonore, compacte et dense, la cassure a un aspect d'acier mat. Le coke léger, spongieux, pulvérulent, friable, humide, brillant est

[1]. Nous nous sommes abstenus de parler des appareils fumivores qui ont pour but d'empêcher les émanations de fumée dont se plaignent les voisins d'une machine. Bien qu'il existe un nombre considérable d'appareils inventés dans ce but, nous croyons devoir faire toutes réserves n'ayant pas encore pu être en mesure de constater leurs bons effets en service courant.

généralement doué d'un faible pouvoir calorifique. Lorsqu'on est dans le voisinage d'un chemin de fer on fera bien de donner la préférence aux déchets de coke que les compagnies sont assez souvent dans l'usage de vendre au rabais, parce qu'ils ne sont pas susceptibles d'être employés dans les locomotives.

VI

MODÈLE D'UNE DEMANDE EN AUTORISATION D'ÉTABLIR UNE MACHINE A VAPEUR [1].

M. le préfet,

Le soussigné . . . . propriétaire à . . . . . . commune de . . . . . . canton de . . . . . département de . . . . a l'honneur de vous exposer qu'il se propose d'employer pour les travaux de son exploitation agricole, une machine à vapeur du système . . . . (*fixe ou locomobile*) . . . . . . de la force nominale de. . . . chevaux, dont la chaudière, appartenant au système. . . . . (tubulaire ou à bouilleur). . . . . . sera timbrée à . . . . . atmosphères. Ladite machine -sera installée dans un bâtiment . . . . (*suit la*

1. Voyez page 60.

description sommaire du lieu d'installation. — Si la machine doit être locomobile, on se bornera à l'exprimer en annonçant qu'on se propose de la transporter partout où besoin sera.)

L'ensemble des appareils sera construit et installé par M. . . . . . . ingénieur-constructeur à . . . . . .

L'exposant joint à la présente demande deux copies des plans[1] de la machine et des locaux où elle sera installée, et il vous prie, M. le préfet, de vouloir bien lui délivrer l'autorisation de mettre en service ladite machine, en promettant de se conformer aux conditions que vous croirez devoir lui imposer.

Il a l'honneur d'être . . . .

Signé :

OBSERVATION. — Il faut dater visiblement la lettre en tête, y joindre les plans qu'elle annonce, lesquels peuvent être sur papier à calque ou autre, mais faits suivant une échelle assez grande pour permettre d'étudier ce qu'ils représentent aussi facilement que sur place ; les deux copies d'un même plan doivent être bien semblables. On fait envoyer le tout par le maire de la commune ou directement par la poste au préfet.

1. Le mécanicien-constructeur fournit ces plans.

VII.

TABLE ALPHABÉTIQUE DES MATIÈRES CONTENUES
DANS CET OUVRAGE.

TABLE ANALYTIQUE

PREMIÈRE PARTIE.

DES MACHINES AGRICOLES EN GÉNÉRAL.

DEUXIÈME PARTIE.

DE LA FORCE MOTRICE DANS L'AGRICULTURE ET EN PARTICULIER DE LA VAPEUR.

P ges.

II. — PRINCIPE FONDAMENTAL DES MACHINES A VAPEUR.

III. — DIVERS SYSTÈMES DE MACHINES A VAPEUR.

IV. — COMPOSITION ÉLÉMENTAIRE DES MACHINES A VAPEUR.

1° *Générateur.*

2° *Mécanisme moteur.*

V. — OBSERVATIONS GÉNÉRALES SUR L'INSTALLATION DES MACHINES A VAPEUR RURALES.

Pages.

TROISIÈME PARTIE.

RENSEIGNEMENTS DIVERS.

I. — DE QUELQUES MESURES GÉNÉRALES A PRENDRE DANS L'INSTALLATION ET LA CONDUITE DES MACHINES LOCOMOBILES A VAPEUR OU AUTRES.

II. — DES CONDUCTEURS DE MACHINES A VAPEUR RURALES OU AUTRES.

III. — MODÈLES DE MARCHÉ POUR L'ACQUISITION D'UNE MACHINE.

PARIS. — IMPRIMERIE DE J. CLAYE, 7, RUE SAINT BENOIT.